D1726698

Adolf und Inge Schneider
Klaus Jebens

Urkraft aus dem Universum

und Nikola Teslas

Pierce Arrow 8

Jupiter-Verlag

1. Auflage Januar 2022
2. Auflage April 2022
3. Auflage Mai 2022
4. Auflage Juni 2022
5. Auflage August 2022
Jupiter-Verlag Adolf und Inge Schneider
Emmersbergstr. 1, CH 8200 Schaffhausen

Druck: Mails & More, AT 3441 Baumgarten

ISBN 978-3-906571-42-3

Inhalt

Vorwort zum 1. Teil
"Urkraft aus dem Universum"

Im Jahr 2006 brachten wir das Buch "Urkraft aus dem Universum" des inzwischen verstorbenen Autors Klaus Jebens heraus[1]. Es erschien 2014 in dritter Auflage und wird erst 2022 neu aufgelegt, zusammen mit dem Inhalt der A4-Broschüre "Nikola Teslas legendärer Pierce Arrow 8 mit Raumenergie-Antrieb" von Adolf Schneider, diesmal in A5-Buch-Format.

Die Autoren bei einer Veranstaltung in Zürich 2021

Was das Buch "Urkraft aus dem Universum" von Klaus Jebens so besonders machte, ist die erstmalige Publikation der geheimen Dokumente seines Vaters Heinrich über dessen Fahrt im Jahr 1931 mit dem Pierce Arrow von Nikola Tesla. Dieses Auto soll über eine Antenne durch die "Urkraft aus dem Universum" betrieben worden sein. Das Buch wurde vom Autor ergänzt durch einige Kapitel über weitere Entwicklungen auf dem Gebiet der Freien Energie. Verständlich, dass Prof. Dr. Claus W. Turtur es zu seinem "Lieblingsbuch" ernannte und es laufend nachbestellt wurde.

2018 verfasste Adolf Schneider im Auftrag der Deutschen Vereinigung für Raumenergie DVR die Broschüre "Nikola Teslas legendärer Pierce Arrow 8 mit Raumenergie-Antrieb", welches 2020 in zweiter Auflage erschien, wie alle DVR-Broschüren in

A4-Format[2]. Es enthält mehr technische Hintergründe dieser legendären Entwicklung. Nach Vereinbarung mit der DVR ist es dem Jupiter-Verlag jetzt gestattet, den Inhalt dieser Publikation im A5-Format herauszubringen, hier kombiniert mit dem Inhalt des Buches "Urkraft aus dem Universum". Ergänzt wird das Buch durch neuere Entwicklungen der Nutzung der "Elektrizität aus der Atmosphäre".

Im Gegensatz zum ursprünglichen "Tesla-Auto" ist das vom US-amerikanischen Unternehmen Tesla Inc. mit Firmensitz in Palo Alto im Silicon Valley lancierte Elektroauto heute in aller Leute Munde. Aber wir erinnern diesbezüglich an die Aussage von Prof. Dr.-Ing. Konstantin Meyl: *"Es steht Tesla drauf, aber es ist nicht Tesla drin!"* Die aktuellen Tesla-Modelle von Elon Musk haben zwar den Vorteil, den Namensvater "Nikola Tesla" bekannter zu machen, aber unter "Tesla-Auto" wurde ursprünglich ein ganz anderes Konzept verstanden.

Davon handelt diese Publikation: von einem auf Elektroantrieb umgebauten Pierce Arrow 8 von Anfang der dreissiger Jahre des letzten Jahrhunderts. Ein solches Auto soll Nikola Tesla mit einer Antenne und einem Spezialempfänger ausgestattet haben. Es sei ihm damit gelungen, genügend Energie aus der Umgebung bzw. direkt aus dem Raumenergiefeld zu beziehen. Er konnte damit viele Dutzende von Kilometern fahren, ohne Energie irgendwie "nachtanken" zu müssen.

Dank

Der Dank geht posthum an Klaus Jebens, der im Buch "Urkraft aus dem Universum" authentische Informationen zum Thema beisteuerte. Er schrieb, sein Vater Heinrich habe sich damals Tesla gegenüber – als er mit ihm im legendärer Pierce-Arrow 8 fahren konnte – dazu verpflichtet, die Informationen, die er von ihm über den Raumenergieantrieb erhalten hatte, nicht publik zu machen. Dass sein Sohn es dann doch tat, als er die geheimen Akten seines Vaters im Jahr 2001 vorfand, hat seinen Grund darin, dass er sich *"wegen der fortschreitenden Zeit und der sich verschärfenden Energiekrise auf der Erde"* dazu verpflichtet fühlte.

Doch es blieb nicht bei der Publikation der geheimen Akten. Klaus Jebens versuchte auch, mit einem Team einen Strahlungsenergiekonverter im Sinne Nikola Teslas nachzubauen. Dazu investierte er sein ganzes Vermögen. Wie weit er mit der Realisierung kam – davon lesen Sie im folgenden Teil. Die Informationen mögen jedenfalls andere Forscher zu eigenem Tun anregen, damit die Energiekrise, die inzwischen zu einer Energiewende geworden ist, zu einer Chance wird.

Adolf und Inge Schneider

Home-Office Aeschlen BE, den 4. November 2021

Nikola Tesla - das Genie

Die Persönlichkeit des Erfinders und Ingenieurs Nikola Tesla ist dermassen weit gefächert, dass sie grenzenlos erscheint: Bekannt wurde er als Erfinder des Wechselstroms, aber er hat viel mehr erfunden als das und gilt als der genialste Erfinder aller Zeiten. Er läutete das Zeitalter der Elektrifizierung ein und brachte einen neuen Wind in die Politik, in die Wissenschaft und die Wirtschaft, wenn er auch ärmlich starb und mit Geld nicht sonderlich gut umgehen konnte. Er wurde am 10. Juli 1856 in Smiljan/Kroatien geboren und verstarb am 7. Januar 1943 in New York unter relativ ungeklärten Umständen.

Tesla erkannte schon im Alter von siebzehn Jahren, dass er keine Modelle, Zeichnungen oder Experimente brauchte, sondern mit reiner Vorstellungskraft den gesamten Schaffensprozess einer Erfindung im Kopf verfolgen konnte. In der Vorstellung baute er die Apparaturen auf, besserte Fehler aus und liess sie laufen. *„Es ist völlig ohne Bedeutung für mich, ob ich eine Turbine in meinem Geist oder in der Werkstatt betreibe"*, schreibt er. *„Ich kann sogar bemerken, wenn sie aus dem Gleichgewicht gerät."*

Mit seiner Wechselstromtechnik findet Tesla dann auch Investoren. Doch nicht das Geld ist Tesla wichtig, sondern die Verbreitung seiner neuen Technik. Er hegt Visionen von einer Welt, in der alle Menschen unbegrenzt und kostenlos mit Energie versorgt werden. Stromnetze begreift Tesla nur als Zwischenstufe auf dem Weg zu einem kabellosen System, das Informationen und Energie über den ganzen Erdball senden soll.

1898 entwickelt er die erste Fernbedienung. Im Jahr darauf gelingt es ihm, aus einem Labor in der Nähe von Colorado Springs Radiowellen über eine Entfernung von 1000 Kilometern zu übertragen. 1900 findet Tesla einen Financier für den Bau eines futuristischen Funkturms auf Long Island: Von dort möchte er unter anderem hochenergetische Wellen in die oberen Atmosphärenschichten schicken und deren Energie rund um den Globus verteilen.

Doch kurz vor der Fertigstellung des ambitionierten Projekts springt der Investor J. P. Morgan ab: Wenn jedermann weltweit unkontrolliert die Energie aus Long Island anzapfen kann, womit würde sich dann noch Geld verdienen lassen?

Der Tesla-Tower auf Colorado-Springs, von dem aus – wenn es nach der Vorstellung von Nikola Tesla gegangen wäre – die Welt mit drahtloser Energie hätte versorgt werden können. Doch der Investor J. P. Morgan sprang ab, weil sich dieses Projekt wirtschaftlich nicht umsetzen liess.

Tesla erleidet daraufhin einen Nervenzusammenbruch, von dem er sich nur langsam erholt. 1917 wird das Stahlgerüst des Turms gesprengt und für 1000 Dollar Schrottwert verkauft. Im selben Jahr soll dem Erfinder die angesehene Edison-Medaille verliehen werden. Tesla lehnt zunächst ab: Nicht ihn würde die Auszeichnung ehren, sondern Edison.

Bernard Arthur Behrend, der Jury-Präsident, überredet ihn schließlich, die Medaille doch entgegenzunehmen[3].

„Wollten wir all das, was aus Teslas Werk bisher entstanden ist, wieder aus der Industrie entfernen“, sagt Behrend in einer Laudatio, *„würden ihre Räder nicht weiterlaufen, unsere elektrischen Wagen und Züge stillstehen, unsere Städte wären dunkel und unsere Mühlen tot und nutzlos. Ja, so weittragend ist sein Werk, dass es zum Fundament unserer Industrie geworden ist.“*

Trotz des Ruhmes und seinen rund 700 Patenten bleibt der Magier der Elektrizität finanziell erfolglos. Verarmt stirbt Nikola Tesla, der wohl selbstloseste Erfinder der Geschichte, am 7. Januar 1943 mit 86 Jahren in einem New Yorker Hotelzimmer.

Nikola Tesla läutete mit dem Wechselstrom nicht nur das Zeitalter der Elektrifizierung ein - mit allen damit verbundenen, nicht nur positiven Auswirkungen wie Elektrosmog und grenzenlose Digitalisierung mit totaler Überwachung - , sondern er wusste um die Ätherenergie, die Urkraft aus dem Universum, welche den Geist der Menschen für neue Dimensionen öffnen kann. Und dies durchaus durch technische Entwicklungen, die bisherige Grenzen sprengten. Einer, der das handgreiflich erlebte, war Heinrich Jebens, der Begründer des Deutschen Erfinderhauses. Sein Sohn Klaus Jebens berichtet.

Klaus Jebens: Mein Vater und Nikola Tesla

Mein Vater Heinrich Jebens war im Ersten Weltkrieg Marine-Offizier auf dem Panzerkreuzer "SMS Seydlitz". Während der Seeschlacht 1917 im Skagerrak wurde er durch einen Granattreffer von Bord geschleudert, aber kurz danach wieder aufgefischt. Das Kriegsschiff wurde sehr stark beschädigt und konnte nur noch 1,5 Meter über Wasser mit halber Kraft rückwärts fahren[4].

Nach der Schlacht geriet die "Seydlitz" auf der Fahrt nach Wilhelmshaven in ein grosses Nebelgebiet. Nachdem sie daraus hervorkamen, sahen die Marinesoldaten in der Ferne einen englischen Flottenverband, der ebenfalls von der Seeschlacht geschwächt auf dem Heimweg war. Plötzlich began-

Panzerkreuzer "SMS Seydlitz".

nen die Engländer, per Blinklicht den Schiffsnamen zu erfragen. Ein Offizier der "Seydlitz" stiess den Matrosen am Blinkgerät weg und sendete selbstbewusst einen englischen Namen, was dazu führte, dass die "Seydlitz" nicht nochmals angegriffen wurde.

Im Jahr 1918 war das Schiff wieder repariert und der schnellste Panzerkreuzer der deutschen Flotte. Nach Kriegsende hat sich die an England ausgelieferte Flotte in der Bucht von Scapa Flow selbst versenkt, um nicht in die Hände der Feinde zu fallen.

Nach seiner Rückkehr nach Deutschland wurde mein Vater Mitglied des Freikorps "Lützow" und kämpfte gegen die Kommunisten auf dem Annaberg und in Berlin. Danach ging er auf die Polizei-Offiziersschule nach Potsdam und wurde Polizeileutnant zuerst in Flensburg und dann in Harburg. 1923 schied er unter Verzicht auf Pension aus dem Polizeidienst aus.

Als freischaffender Erfinder erwarb er 1924 mehrere Patente, um damit seine Familie zu versorgen. 1925 erhielt er weitere Patente und konnte sich von den Erträgen zwei Mietshäuser in Hamburg kaufen. Danach gründete er 1926 das erste "Deutsche Erfinderhaus" in der Neuen Rabenstrasse (heute NOVA-Versicherungen) und kaufte 1928 das Nachbarhaus hinzu, um die hundert Angestellten unterbringen zu können.

1930 wurde das "Tungsram"-Gebäude gegenüber dem Hamburger Hauptbahnhof gekauft, weil man inzwischen über 10'000 Erfinder und Forscher zu betreuen hatte. Im Herbst jenes Jahres reiste mein Vater mit dem Dampfer "New York" nach Amerika, um Thomas Alva Edison die Ehrenmitgliedschaft des "Deutschen Erfinderhauses zu überbringen.

Auf der Fahrt nach New York geriet das Schiff in einen starken Nordwest-Sturm, so dass fast alle Passagiere seekrank in ihren Kojen lagen. Meinem Vater als ehemaligem Marineoffizier und drei weiteren Herren machte dieser Sturm nichts aus. Als sie beim Abendessen waren, erzählte mein Vater, dass er auf dem Weg zu Thomas Alva Edison sei. Plötzlich sprang ein Herr namens Petar Savo, ein ehemaliger österreichischer Fliegeroffizier, auf und sagte meinem Vater, er müsse unbedingt auch mit seinem Onkel, Nikola Tesla, dem Erfinder der Wechselstrom-Motoren, sprechen, der auch Hunderte von Patenten besitze. Die Herren tauschten daraufhin ihre amerikanischen Adressen aus. Was danach geschah, soll an anderer Stelle durch die Original-Aktennotiz vom 9. Dezember 1930 berichtet werden (siehe S. 29ff).

Bei seiner Rückkehr mit dem Schnelldampfer "Columbus" holten meine Mutter, ihr Bruder Henry und ich meinen Vater in Bremerhaven ab. Ich trug dabei als damals Fünfjähriger die von einem Schneider verkleinerte Marineoffiziersuniform meines Vaters. Mein Vater lud uns zum Abendessen in den Bremer Ratskeller ein. Dort erzählte mein Vater von seinem Besuch bei Edison in Orange bei New York und auch, dass er Nikola Tesla kennen gelernt hatte. Genaueres erfuhren wir darüber aber nicht. Dazu hatte er sich Tesla gegenüber verpflichtet.

Wegen ständiger Erweiterung des Erfinderhauses fand 1931 der Umzug in das grosse ehemalige "Karstadt"-Verwaltungsgebäude in der Steinstr. 10 (heute Finanzamt) statt. Dort wurden auch eine Neuheiten-Messe und mehrere Fachausstellungen eingerichtet. 1932 wurde im Kellergeschoss des Erfinderhauses die erste Kunsteisbahn fertig gestellt. Die Eiskunstläufer Maxi Herber und Ernst Bayer konnten so erstmalig im Monat August Schlittschuh laufen.

Nach der Machtübernahme 1933 liess Hitler das "Deutsche Erfinderhaus" in Hamburg schliessen und in das neu gegründete "Reichs-Erfinderamt" in Berlin eingliedern. Mein Vater wurde Reichsleiter dieses Amtes, war aber kein Parteigenosse. Anfang 1934 zog unsere Familie aus unserer Villa in Hamburg-Nienstedten nach Berlin-Charlottenburg in den Kaiserdamm 89 um. Ich fand das höchst interessant. Die Ausstellungen "Grüne Woche", "Autoausstellung", "Deutsches Volk – Deutsche Arbeit" waren für mich äusserst sehenswert. Dazu der Funkturm, der Grunewald, die Avus, Schloss Charlottenburg mit dem Mausoleum, der Lietzensee usw.

Deutsches Erfinderhaus in Hamburg.

Im März 1934 wurde mein Vater von Kultusminister Hans Schwemm nach München ins "Braune Haus" – der Nazihochburg – eingeladen und erfuhr dort zu vorgerückter Stunde und nach einigen Flaschen Wein von den Naziführern viele Details, die ihn aufschrecken liessen.

Das "Braune Haus" in München, 1934 Nazihochburg.

Nach seiner Rückkehr nach Berlin holte mein Vater die gesamte Familie zusammen und berichtete, dass die ganze Politik auf militärische Aufrüstung und Krieg ausgerichtet sei, wofür er sich nicht mitverantwortlich fühlte. Er sah einen baldigen Krieg kommen und wollte nicht, dass alle wieder so hungern mussten wie im Ersten Weltkrieg. Darum kündigte er seinen hochdotierten Posten, und wir zogen zurück nach Rahlstedt bei Hamburg, wo er eine Villa mit einem grossen Obstgarten kaufen konnte. Der beabsichtigte Ankauf eines Bauernhofs wurde ihm verwehrt, weil er kein Parteimitglied war.

1935 bekam er durch den Makler Hertwig in Rahlstedt-Meiendorf einen ehemaligen Herrensitz angeboten, bestehend aus einer grossen Villa Baujahr 1896, ein Stallgebäude und 3,5 ha Land. Er gehörte einer Argentinierin, der ehemaligen Millionärin Frau Molchin, die durch die Inflation 1923 in finanzielle Not geraten war und ihren Besitz verkaufen musste. Wir zogen dorthin, mein Vater kaufte seine erste Kuh und begann zu melken. Auf dem Land wurden Futter und Getreide angebaut. Danach kamen eine zweite Kuh, eine dritte und eine vierte. Alle Milch wurde privat ab Hof verkauft. Das Land wurde mit geliehenen Pferden bearbeitet.

Die zum Hof “Freienfelde” gehörende Villa, 1939.

1936 wurde unser Kuhstall etwas vergrössert, so dass sieben Kühe Platz darin fanden. Durch Zufall konnten wir 2 ha Wiesen in der Nachbarschaft hinzukaufen.

Im Herbst 1937 begann mein Vater auf einem Teil unseres Landes mit der Anpflanzung einer Obstplantage mit 800 Schattenmorellen- und 500 Apfel-, Birnen- und Pflaumenbäumen. Unter den Kirschbäumen wurde Gras für die Kühe geerntet, unter den anderen jungen Bäumen der Ertrag vieler hundert Johannisbeer-, Stachelbeer- und Himbeersträucher.

1938 wurde vom Arbeitsdienstlager auf dem Gut Höltigbaum eine grosse Baracke zum Abholen angeboten, die wir kauften und daraus einen Schweinestall und einen Jungviehstall bauten. Mein älterer Bruder Peter ging auf das Staatsgut Farmsen, um den Beruf des Landwirts und Gärtners zu lernen. Wie es unser Vater schon 1934 kommen sah, brach 1939 der Zweite Weltkrieg mit all seinen schlimmen Folgen aus.

1940 konnte mein Vater von der Vereinsbank in Hamburg 7 ha Land in Meiendorf kaufen, das er kurz danach in 3,5 ha angrenzend an unser Gelände umtauschen konnte. Damit vergrösserte sich unser Landwirtschaftsbetrieb auf 9 ha.

1942 wurden ein neuer Kuhstall für 20 Kühe gebaut und eine Melkmaschine gekauft und in Betrieb genommen. Aber der Krieg kam näher. Eine grosse Sprengbombe und danach viele hundert Brandbomben fielen auf unseren Besitz. Zum Glück wurde aber kein Gebäude getroffen. Mein älterer Bruder wurde in Russland vermisst und ist nie wieder zurück gekommen.

Im Januar 1943 starb Nikola Tesla in New York. Der Krieg in Europa wurde immer schlimmer. Im Juli wurde Hamburg durch mehrere Grossangriffe zu siebzig Prozent zerstört. Ich wurde als Soldat eingezogen und machte dabei meine erste Erfindung.

Im Jahr 1944 kamen zwei weitere Erfindungen hinzu, die mich zur Raketenentwicklung nach Peenemünde zu Wernher von Braun brachten. Später ging es nach Frankreich.

Im Februar 1945 wurde ich schwer verwundet und daraufhin im April aus der Wehrmacht entlassen. Mein linker Arm blieb lange Zeit gelähmt, was sich aber langsam besserte. Kriegsschluss in Hamburg war durch vorzeitige Kapitulation Ende April. Dann besetzten Engländer unsere Stadt. Wir waren froh darüber, dass die Russen nicht so schnell vorangekommen waren.

Im Herbst erhielt ich aus alten Wehrmachtsbeständen einen 3-Tonnen-LKW, einen Opel Blitz, den ich wegen Benzinknappheit auf Generatorgas umbaute. Es gab nur 15 Liter Benzin pro

Der 3-Tonnen-Opel-Blitz-LKW.

Monat. Wegen der andauernden Brennstoff-Schwierigkeiten äusserte mein Vater 1946: “*Nun müsste man die Idee von Tesla zur Verfügung haben, um ohne Benzin Auto fahren zu können!*”

Da man bei den Holzgasgeneratoren während der Fahrt auf guter Strasse häufig anhalten musste, um die Hohlbrenner darin mit einer Stange herunter zu stossen, kam ich auf die Idee, das Generatoren-Unterteil mit vier kleinen Ketten pendelnd aufzuhängen, so dass dadurch bei allen Fahrbewegungen die Hohlbrenner von selber zusammenfielen und die Fahrt nicht unterbrochen werden musste. Ich erhielt dafür ein Patent erteilt, und fast alle 500’000 LKWs wurden auf dieses Rüttelprinzip umgebaut.

Nach der Währungsreform 1948 wurden fast alle Kraftfahrzeuge wieder auf Benzin oder Diesel umgestellt.

1955 heiratete ich meine Frau Grete, die mir bei allen meinen Unternehmungen beistand. Dadurch erhielt ich mehr Möglichkeiten für weitere Pläne. Viele neue Ideen folgten in den nächsten Jahren, bis mein Vater und ich Anfang 1958 ins VW-Werk eingeladen wurden, wo wir den ersten Milchspendeautomaten sahen. Dieser kostete zu jener Zeit sehr viel Geld. Auf der Rückfahrt sagte ich meinem Vater, dass ich so einen Milchautomaten ganz anders und sehr viel billiger bauten könnte, woraufhin er erwiderte, ich solle meine Finger davon lassen. Kurz nach seinem 63. Geburtstag erlitt mein Vater einige Herzinfarkte und starb.

Gleich nach seiner Beisetzung begann ich, in unserer Werkstatt das Modell eines Milchautomaten zu bauen, das sofort einwandfrei funktionierte. Die Schwelmer Eisenwerke bauten daraufhin in den folgenden Jahren etwa 3’000 dieser Automaten.

Peter Kaiser (früher Stojanovic) von der Tesla-Society Switzerland am Tesla-Kongress 2006 in Walldorf-Heidelberg des Jupiter-Verlags im Gespräch mit Klaus Jebens.

Es folgten weitere Ideen und Patente, die 1969 zur Gründung unseres Industriebau-Unternehmens führten. Erfindungen, die grösstenteils zur Serienreife gelangten, waren zum Beispiel ein Banknotenprüfgerät, ein Kälbertränkeautomat, ein Ballenladewagen, eine Heubrikettiermaschine, ein Baby-Milch-Dispenser, ein Agrarcontainer, eine verbesserte Melkmaschine usw.

Im Jahr 1999 erlitt ich drei Herzinfarkte und übertrug mit 74 Jahren alle meine Betriebe auf meine Söhne. Nach einer gelungenen Herzoperation ging es mir wieder recht gut. Nun fand ich auch mehr Zeit, die alten Akten meines verstorbenen Vaters durchzusehen und entdeckte 2001 eine streng vertrauliche Aktennotiz vom 9. Dezember 1930, von der ich nichts gewusst hatte und die ich wegen der fortschreitenden Zeit und der sich verschärfenden Energiekrise auf der Erde nun veröffentlichen möchte.

Das Deutsche Erfinderhaus

den [illegible]

Je/Sa

Streng vertrauliche

A K T E N N O T I Z

über den Besuch bei Nikola Tesla in New York und Buffalo.

Am 8. November 1930 reiste ich mit dem Schnelldampfer "New York" von Cuxhaven nach Amerika. Bei sehr schwerem Nord-West-Sturm traf ich am 12.11.1930 nur drei Passagiere der 1. Klasse zum Abendessen. Mir bereitete es als früheren Marineoffizier keine Schwierigkeiten, während [illegible] seekrank in ihren Kojen verbrachten. [illegible] Petar Savo vor, der vorher Fliegeroffizier [illegible] Armee war.

Nachdem ich ihm von meinem bevorstehenden Besuch bei dem grossen Erfinder Thomas Alva Edison [illegible] wurde er hellhörig und bestand darauf, unbedingt mit seinem Onkel Nikola Tesla auch ein Gespräch zu führen. Dieser sei neben [illegible] Erfinder Ameri[illegible] USA-[illegible]

Nach meinem Besuch bei Edison in se[illegible] Labor [illegible] er-hielt ich eine Nachricht von Nikola Tesla. Wir trafen uns im Waldorf-Astoria-Hotel. Dort [illegible] Tesla [illegible] anderen Tag nach [illegible] mir als Direktor des Deutschen Erfinderhauses unter strenger Verschwiegenheit sein in Arbeit befindliches Auto zeigen möchte, das nach einem seiner früheren Patente mit Aether-Energie angetrieben wird

TOP SECRET

Das Dokument, das Klaus Jebens im Nachlass seines Vaters über dessen Fahrt mit dem Pierce-Arrow fand. Eine forensische Untersuchung zu dieser Aktennotiz findet sich unter Literatur[5].

Im Wortlaut: *"Das Deutsche Erfinderhaus, Adresse (nicht lesbar), den 9.12.1930:*

Streng vertrauliche A k t e n n o t i z

über den Besuch bei Nikola Tesla in New York und Buffalo

Am 8. November 1930 reiste ich mit dem Schnelldampfer 'New York' von Cuxhaven nach Amerika[A1]*. Bei sehr schwerem Nord-West-Sturm traf ich am 12.11.1930 nur drei Passagiere der 1. Klasse zum Abendessen. Mir bereitete es als früheren*

Marineoffizier keine Schwierigkeiten, während fast alle anderen Passagiere seekrank in ihren Kojen verbrachten. Beim Abendessen stellte sich Petar Savo[A2] vor, der vorher Fliegeroffizier in der österreichisch-serbischen Armee war.

Nachdem ich ihm von meinem bevorstehenden Besuch bei dem grossen Erfinder Thomas Alva Edison berichtete, wurde er hellhörig und bestand darauf, dass ich unbedingt mit seinem Onkel Nikola Tesla auch ein Gespräch führen sollte. Dieser sei neben Edison einer der grössten Erfinder Amerikas. Wir tauschten daraufhin unsere USA-Adressen aus.

Nach meinem Besuch bei Edison in seinem Labor in Orange erhielt ich eine Nachricht von Nikola Tesla. Wir trafen uns im Waldorf Astoria-Hotel[A3]. Dort machte Mr. Tesla den Vorschlag, dass wir am anderen Tag nach Buffalo fahren sollten, wo er mir als Direktor des Deutschen Erfinderhauses unter strenger Verschwiegenheit sein in Arbeit befindliches Auto zeigen wollte, das nach einem seiner früheren Patente mit Äther-Energie angetrieben wurde.

Am nächsten Vormittag brachte Mr. Tesla einen länglichen Koffer mit. Er erwähnte, dass darin der 'Schlüssel zum Erfolg' sei, den er mir heute noch vorführen möchte.

Das Auto befand sich in einer Halle am Rande von Buffalo, wo ein Monteur uns erwartete. Es handelte sich um ein Pierce-Arrow-Personenauto, dem der Benzinmotor sowie der Tank herausgenommen worden war. Auf dem Kupplungsgehäuse war mittels einer Traverse ein kollektorloser Wechselstrom-Spulenmotor montiert. Eine kleine Batterie diente zur Versorgung der Beleuchtung, Scheinwerfer und Hupe.

Aus dem Koffer entnahm der Monteur einen Konverter, der auf der Beifahrerseite fest montiert wurde. Hieran führte ein Kabel, das an einer antennenmässigen Stange an der Rückseite des Wagens angeschlossen wurde. Ein weiteres Kabel ging durch den Fussboden an einen Schleifschuh. Weiterhin wurde ein 1/4 Inch starkes Kabel von dem Konverter[A4] über einen Fussschalter vom Fahrersitz und von dort an den Elektromotor geleitet. Ein weiteres Kabel führte zurück vom Motor an den Konverter.

Während Mr. Tesla mir das Auto genau zeigte und erklärte, wurde der Wagen durch den Monteur für eine Probefahrt bereit gemacht. Innerhalb einer halben Stunde wurde dieses möglich. Ich setzte mich auf den Hintersitz. Mr. Tesla nahm Platz auf dem Beifahrersitz, wo er zwei aus dem Konverter herausragende Kabel betätigte. Dann hörte man deutlich den Motor laufen. 'Nun haben wir Energie', äusserte Mr. Tesla. Er beauftragte den Monteur, eine Fahrt zu den Niagarafällen zu unternehmen.

Mir fiel auf, dass der Motor auf das Gasgeben noch nicht richtig reagierte. Das Auto fuhr immer mit sehr hoher Drehzahl. Auf meine entsprechende Frage antwortete Mr. Tesla, dass dieses noch nicht vollständig fertig sei. Es würde noch einige Zeit in Anspruch nehmen.

Bei den Niagarafällen angekommen, musste der Monteur etwa eine Stunde warten, weil Mr. Tesla mir inzwischen das neue Turbo-Kraftwerk, das nach seinen Ideen gebaut worden war, zeigen wollte. Dieses war sehr beeindruckend.

Anschliessend fuhren wir mit dem 'Pierce-Arrow' wieder zurück zur Halle. Die Fahreigenschaften waren wieder die gleichen. Das Auto fuhr wie mit unsichtbarer Kraft. Der Monteur musste danach den Konverter wieder ausbauen und in den Koffer zurücklegen, wobei Mr. Tesla erwähnte, dass die Zeit für diese Technik noch nicht reif sei. Benzin gab es reichlich und kostete weniger als umgerechnet 15 Pfennige pro Liter.

Persönlich erhielt ich den Eindruck, dass Mr. Tesla mit dieser Entwicklung in einen Bereich vorstiess, ohne den man in absehbarer Zeit nicht mehr zurechtkommen wird, da die Erdölvorkommen in der Welt begrenzt erscheinen und sich im Laufe der Zeit verbrauchen werden.

Im regen Gespräch mit Mr. Tesla erfuhr ich, dass die Grundidee zu diesem Auto von einem seiner früheren Patente stammte, in dem er die richtig erkannte Ätherenergie von elektromagnetischen Wellen in elektrostatische Spannung umformte, die überall auf der Erde und in der Welt vorhanden ist. Alle Gestirne werden dadurch gesteuert. Nach seiner Erklärung ist es gar nicht so schwierig, diese Kraft anzuzapfen und nach Veränderung durch einen Konverter zu nutzen, von der es unsagbare Mengen an Energie gibt. Es muss nur der richtige Weg gewählt werden, über den er noch nicht sprechen wollte. Er erwähnte nur, dass dieser Konverter so viel Energie abgibt, dass er auch noch ein ganzes Haus mit elektrischem Strom versorgen könnte.

Die Menschen unserer Erde können diese Energie niemals verbrauchen. Sie ist sehr billig, weil sie praktisch nichts kostet. Aber zur Zeit stecken die Ölfirmen dahinter, diese neu gefundene Energie noch nicht zu nutzen, um das Geschäft mit dem Erdöl vorerst ausnutzen zu können. Mr. Tesla hielt die Zeit für noch nicht reif, mit diesem neuen Motorantrieb schon jetzt auf den Markt zu kommen. In einer Anzahl von Jahren wird dieses jedoch unumgänglich werden.

Nach unserer Rückkehr in New York haben wir uns noch bis Mitternacht über zahlreiche Patentfragen und Entwicklungen unterhalten, wobei Mr. Tesla meinte, dass Edison als neues Ehrenmitglied des Deutschen Erfinderhauses eine ganz besondere Stellung einnimmt. Jedoch hat Mr. Tesla mit seiner Wechselstromerfindung die beachtlichen Erfolge Edisons weit übertroffen. Nur er hat vor lauter Arbeit nicht immer die besten Entschlüsse zu seinen Patenten getroffen.

Das lange Gespräch mit Mr. Tesla, länger als das mit Mr. Edison, hatte mich bei meinen weiteren Überlegungen sehr inspiriert. Wir verabschiedeten uns mit der Zusicherung, unser Gespräch bei meiner nächsten Amerika-Reise fortzusetzen.

Mr. Tesla machte einen gepflegten und sehr eleganten Eindruck. Was jedoch für mich als Europäer etwas merkwürdig erschien, war die Tatsache, dass er zum Gruss niemandem die Hand gab."

Zitat-Ende.

Anmerkung des Verlegers: Die Transkription entspricht exakt dem mit einer Schreibmaschine geschriebenen Original-Text, wie er im originalen Buch von Klaus Jebens "Die Urkraft aus dem Universum" auf den Seiten 23-24 wiedergegeben wurde.

Verschiedene Anmerkungen hierzu finden sich in einer forensischen Analyse dieses Textes in der Literaturquelle[5] auf S. 107.

Eine ausführliche Biographie von Klaus Jebens ist auch auf S. 36-48 im Jahrbuch 2008 des Rahlstetter Kulturvereins wiedergegeben, siehe: http://www.rahlstedter-kulturverein.de/mediapool/129/1299429/data/WBV_Rahlstedter_Jahrbuch_2008_Inhal.pdf

Klaus Jebens: Mein Weg zu Nikola Tesla

Bereits 1930 hörte ich als Fünfjähriger im Bremer Ratskeller zum ersten Mal von Nikola Tesla. Das zweite Mal war es 1946, als es fast kein Benzin mehr gab und mein Vater äusserte, dass man nun die Idee von Tesla verwirklichen müsste, um ohne Benzin Auto fahren zu können.

Erst 55 Jahre später, im Jahr 2001, fand ich in den alten Akten meines Vaters die vertrauliche Aktennotiz vom 9. Dezember 1930, von der keiner etwas gewusst hatte und die mich sehr überraschte. Nach genauer Durchsicht und wegen der sich verschärfenden Energiekrise fühlte ich mich 71 Jahre später veranlasst, die Idee von Tesla erneut aufzugreifen, um damit die auf uns zukommende Energiekatastrophe zu verhindern. Schon jetzt erfährt man von den Mineralölkonzernen, dass alle bekannten Ölquellen nicht ausreichen, um den ständig steigenden Energiebedarf zu decken. Der Höhepunkt der Erdölförderung auf der Erde ist überschritten. Haupt-Erdölimporteure sind die USA, gefolgt von China, das vor 10 Jahren (1996) noch gar kein Öl importierte. China ist eine aufstrebende Macht, die eines Tages Nordamerika überholen kann. Nicht weit dahinter folgt Indien mit 1,1 Milliarden Einwohnern.

Alle Wind- und Wasserenergie, alle Solar- und Photovoltaik-Anlagen, alle Biogas-Anlagen, die Geothermik sowie alle anderen alternativen Energielieferanten zusammen decken nur wenige Prozent des gesamten Energiebedarfs auf der Erde und sind viel zu teuer. Die Atomenergie sollte ihrer Gefährlichkeit wegen zurückgebaut werden, und die Kohleverbrennung verschmutzt zu sehr unsere Natur.

Deshalb erscheint es als Lösung für die Zukunft, die Raumenergie oder "Ätherenergie", die Tesla als "radiations" bezeichnete und bereits 1930/31 praktisch erprobte, für den Energieverbrauch der immer weiter anwachsenden Menschheit nutzbar zu machen.

Meine Vorgespräche mit Elektromeistern und Elektroingenieuren brachten keinen Fortschritt. Erst nachdem ich durch gezielte Inserate Kontakte mit Elektrophysikern herstellen konnte, habe ich einen geeigneten und danach weitere Mitarbeiter gefunden, die sich auf dem Gebiet der Skalarwellen-Technik auskennen und die bereit waren, auf diesem Sektor mitzuarbeiten.

Da sich in Deutschland bislang noch keine Universität mit der Nutzbarmachung der Raumenergie befasst, musste zuerst umfassende Grundlagenforschung betrieben werden, auf die man weiter aufbauen kann. Allerdings kostet so etwas viel Geld. Nachdem ich 2004 alle meine Ersparnisse in diese Entwicklung investiert hatte, habe ich die gesamte Autoindustrie Deutschlands angeschrieben, dann die Geschäftsführer vieler Grossbetriebe, die hundert reichsten Leute Deutschlands usw. Keiner hat auch nur einen Euro dafür ausgegeben. Wahrscheinlich haben die meisten noch nicht erkannt, welche Energiekrise mit Sicherheit in absehbarer Zeit zu erwarten ist und dass es notwendig wird, rechtzeitig für ausreichend Ersatz zu sorgen, der nicht nur sauber ist, sondern auch weitere Kriege um Energie verhindern soll.

Durch persönliche Beziehungen ist es meinem Team und mir dann doch noch gelungen, einige Investoren zu finden, die die weltweite Gefahr einer ernsten Energiekrise erkennen und die unsere Arbeit unterstützen. Wir kommen dabei nur langsam voran, weil wir sehr haushalten müssen.

Da aber die ersten Konstruktionen in Kürze vorführbereit sein werden, hoffen wir, dass sich noch mehr Interessierte an unserer Entwicklung beteiligen werden, die sich zunächst auf "Solid-State"-Geräte sowie auf neue Magnetmotoren bezieht. In beiden Fällen wird die elektromagnetische Strahlung aus dem Universum genutzt, um daraus ohne CO_2-Belastung sauberen elektrischen Strom herzustellen, der zudem noch kostenlos zur Verfügung steht. Dabei kommen wir immer wieder auf die Erkenntnisse von Nikola Tesla zurück. Wenn Tesla auch vielleicht hundert Jahre zu früh gelebt hat, so sind seine Ideen doch fast alle heute nachvollziehbar.

Patentanmeldung Klaus Jebens

Anmerkung des Verlegers: Klaus Jebens meldete am 2.12.2003 ein Patent auf einen Strahlungsenergiekonverter an, welches nicht erteilt wurde.

Abstract: Die vorliegende Erfindung betrifft einen Strahlungsenergie-Konverter bzw. -Umwandler zur Umwandlung von Umgebungsenergie in elektrischen Strom. Die dabei genutzten

(12) NACH DEM VERTRAG ÜBER DIE INTERNATIONALE ZUSAMMENARBEIT AUF DEM GEBIET DES PATENTWESENS (PCT) VERÖFFENTLICHTE INTERNATIONALE ANMELDUNG

(19) Weltorganisation für geistiges Eigentum
Internationales Büro

(43) Internationales Veröffentlichungsdatum
16. Juni 2005 (16.06.2005)

PCT

(10) Internationale Veröffentlichungsnummer
WO 2005/055409 A2

(51) Internationale Patentklassifikation[7]: **H02N 6/00**

(21) Internationales Aktenzeichen: PCT/EP2004/013536

(22) Internationales Anmeldedatum: 29. November 2004 (29.11.2004)

(25) Einreichungssprache: Deutsch

(26) Veröffentlichungssprache: Deutsch

(30) Angaben zur Priorität:
103 56 463.2 2. Dezember 2003 (02.12.2003) DE

(71) Anmelder *(für alle Bestimmungsstaaten mit Ausnahme von US)*: **RAUM-ENERGIE-TECHNOLOGIE GmbH & CO.KG** [DE/DE]; Merkurring 100, 22143 Hamburg (DE).

(72) Erfinder; und
(75) Erfinder/Anmelder *(nur für US)*: **JEBENS, Klaus** [DE/DE]; Saselheider Strasse 67, 22159 Hamburg (DE).

(74) Anwälte: SCHILDBERG, Peter usw.; Neuer Wall 41, 20354 Hamburg (DE).

(81) Bestimmungsstaaten *(soweit nicht anders angegeben, für jede verfügbare nationale Schutzrechtsart)*: AE, AG, AL,

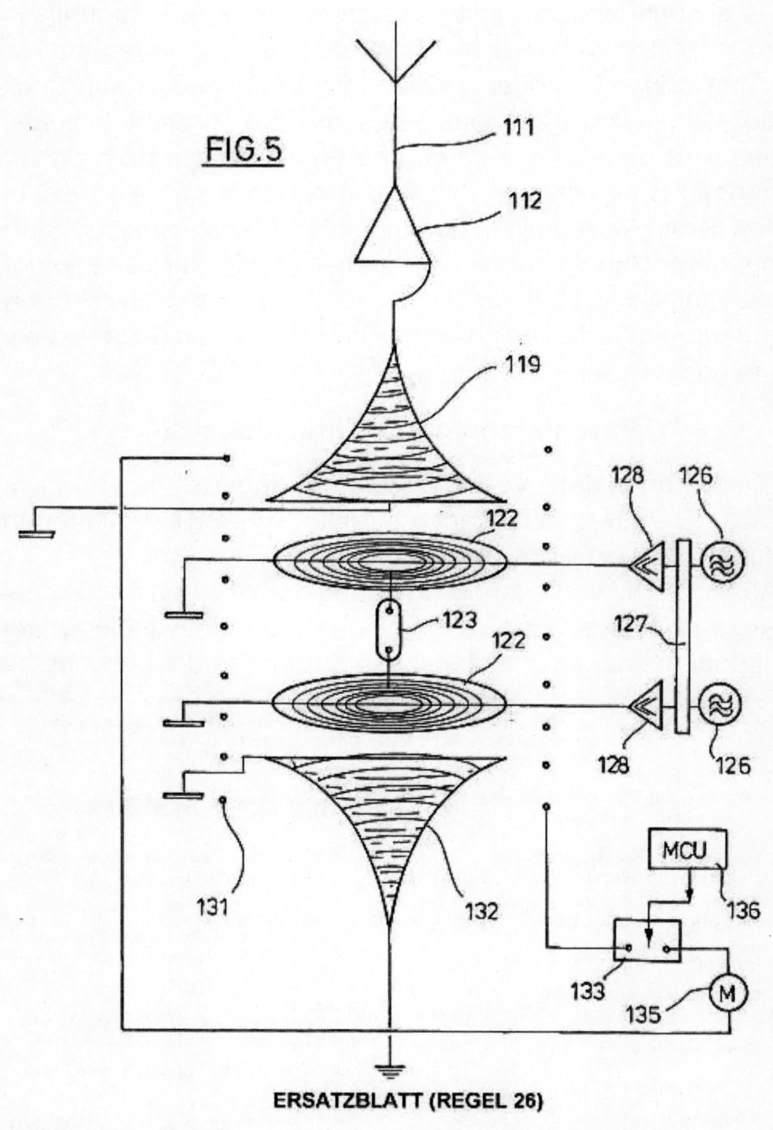

Zeichnung zur Patentanmeldung des Strahlungsenergie-Konverters.

Primärenergiequellen sind strahlungsinduzierte atmosphärische Prozesse und mit diesen resonant gekoppelte natürliche Umgebungsenergien, die zum Teil elektromagnetischer Natur sind. Der Energieumwandlungsprozess erfolgt unter Einbeziehung einer (lokalen) Modulation des Erdmagnetfeldes, daher wird dieses Verfahren als Terra Energy Magnetism Converter (TEMCom) bezeichnet. Anwendungen des TEMCon liegen insbesondere im Bereich dezentral-regenerativer Energieerzeugung (Nachhaltigkeitsprinzip, Klimaschutz, Agenda 21).

Teslas Patent zur Umwandlung von Strahlungsenergie in Elektrizität

Klaus Jebens bezog sich auf das US-Patent Nr. 685.957 von Nikola Tesla, welches dieser im März 1901 für einen Apparat zum Gebrauch von Strahlungsenergie angemeldet hatte, der

TESLA PATENT #685,957 (11/05/1901)

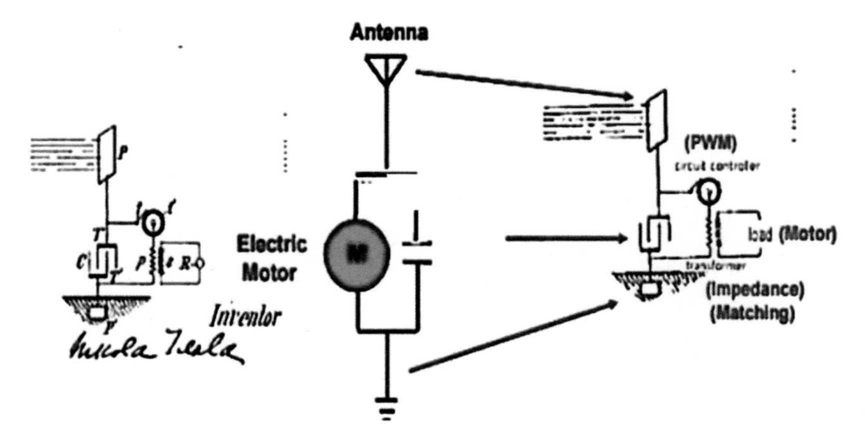

In seinem Patent #685,957 beschrieb Nikola Tesla, wie eine drahtlose Energieübertragung mittels Resonanzabstimmung funktionieren könnte.

„Raumenergie“ auffangen und in elektrische Energie umwandeln soll. Den Pierce-Arrow baute er allerdings erst etwa dreissig Jahre später auf den Antrieb von Raumenergie um, aber es wird angenommen, dass er diese Kenntnisse schon früher hatte und im besagten Patent niederlegte.

Ein Resonanzkreis beim Empfänger war auf den Resonanzkreis im Sender abgestimmt. In seinem Patent #685,957 beschrieb er, wie eine drahtlose Energieübertragung mittels Resonanzabstimmung funktionieren könnte. Der Resonanzkreis im Empfänger “saugte” bei richtiger Abstimmung die Energie über die Antenne ein, die als Kugelelektrode ausgebildet war. Über einen Step-Down-Transformer erfolgte die Anpassung an die elektrischen Verbraucher. Falls Tesla bei seinem Experiment mit dem Pierce Arrow eine solche Übertragungstechnik genutzt hat, wäre der Elektromotor der Verbraucher gewesen. Näheres darüber später.

Pioniere auf dem Gebiet der Raumenergie

Im originalen Buch “Urkraft aus dem Universum”, welches 2006 erschien, listete Klaus Jebens danach Pioniere und deren Projekte auf dem Gebiet der Raumenergie auf.

Im 1. Teil zu **magnetostatischen Raumenergie-Konvertern** finden sich zum Beispiel Erfindungen von Peter Peregrinus (Italien, 1269), von H. L. Worthington (USA, 1929), von John Searl (SEG, 1968-1988), von John W. Ecklin (USA, 1974), Howard Johnson (USA, 1975-2001), Heinrich Kunel (Deutschland, 1977) und Johann Granders Magnetmotor (Österreich, 1980).

Im 2. Teil zur **mechanischen Energiekonvertierung** sind unter anderem aufgelistet: das Bessler-Rad (Johann Bessler, Deutschland, 1712-1727), Viktor Schaubergers Forellenturbine und Heimkraftwerk (Österreich, 1952), James Griggs Hydrosonicpumpe (USA, 1980), Felix Würths Planetenmodell-Generator (Schwungradgenerator, Deutschland, 1996-2005) und Ewerts Fluidwirbel-Generator (Deutschland, 1998).

Im 3. Teil zum **magnetodynamischen Energieumwandler** finden sich unter anderem Michael Faradays Prinzip des Homopolarmotors (Grossbritannien, 1831), Raymond Kromreys Molekularstromrichter (Frankreich, 1962-1980), Bruce de Palmas N-Maschine (USA, 1970-1990), Paramahamsa Tewaris Magnetmotor (Indien/USA, 1980), John Bedinis Generator-Puls-Motor (USA, 1980-1995), der Minato-Magnetmotor (Japan, seit 1988), der Magnetmotor von Lutec (Australien, seit 1996), Johann Weinzierls Magnetmotor (Deutschland, seit

1998), Don Martins Stromerzeuger (USA, seit 2002), Edmond Letsinis autonomer Motor (Kamerun, seit 2003).

Im 4. Teil zum **Elektrostatischen Energieumwandler** finden sich Viktor Schaubergers Wasserfaden-Hochspannungsgerät (Österreich, 1938), William H. Hydes Elektrostatischer Generator (USA, 1975-1999) und Paul Baumanns Thesta Distatica (Testatika) (Schweiz, 1975-2004).

Im 5. Teil zu **Elektrodynamischen Energieumwandler und zu Oszillatoren** sind unter anderem aufgelistet: Teslas Magnifying Transmitter (USA, 1895-1910), Teslas Radiant Energy & Pierce Arrow-Antrieb (1900.1931), Lester Hendershots Konverter (USA, 1920-1950), Karl Schappellers Raumkraft-Umwandler (Österreich, 1925), Hans Colers Magnetstromapparat (Deutschland, 1925-1946), Thomas Henry Morays Röhren-Konverter (USA, 1925-1958), Hans Colers Stromerzeuger (Deutschland, 1928-1946), Wilhelm Reichs Orgonmotor (USA, 1935-1956), Walter Russels Kegelspulen-Generator (USA, 1935-1961), John Hutchison Kieselstein-Energie-Konverter (1975-2000), Oliver Cranes Raum-Quanten-Motor (Schweiz, 1982), Floyd Sweets Vakuumtrioden-Amplifier (USA, 1985), Correas PAGD-Raumenergie-Konverter (Kanada, 1985-1996), Uwe Jarcks Ätherenergie-Kraftwerk (Deutschland/Frankreich, 1992), Harold Puthoffs Vakuumdomänen-Kondensation (USA, 1996), Thomas Beardens Motionless Electromagnetic Generator MEG (USA, 2000), Nachbau des MEGs durch die J.-L. Naudin Labs (Frankreich, 2001), Carl B. Tilleys Autobatterienachladung (USA, 2002).

Ausserdem finden sich im originalen Buch “Urkraft aus dem Universum” aus dem Jahr 2006 einige Beschreibungen obiger

Geräte. So gibt es unter **“Magnetostatische Raumenergie-Konverter”** eigene Kapitel zu Peter Peregrinus’ Magnetmotor (1269), zum Bessler-Rad (1712-1727), zu Schappellers Raumkraft-Umwandler (1925) und H. L. Worthingtons Magnetmotor 1929), John W. Ecklins Permanentmagnetmotor (1974) und weitere. Unter **“Mechanische Energiekonverter”** finden sich Kapitel über Felix Würths Schwungradkonverter (1996).

Unter **“Magnetodynamische Energieumwandler”** werden Dr. Joseph Newmans Energieauto (1980), Bruce de Palmas N-Maschine (1958) und Don Martins Stromerzeuger (1999) aufgeführt. Ausserdem finden sich Beschreibungen über Johann Weinzierls Magnetmaschine (1999), Edmond Letsinis Elektromagnet-Motor (2003) und Muammer Yildiz’ Magnetmotor (ab 2006).

Nachfolgend eine Auswahl einiger Beschreibungen der Arbeiten von Pionieren der Raumenergie.

Magnetostatische Raumenergie-Konverter

Peter Peregrinus - Magnetmotor (1269)

Wahrscheinlich der erste Mensch, der einen mit Raumenergie betriebenen Motor gebaut hat, war der Franzose Pierre de Maricourt, genannt Peter Peregrinus[6]. Er war ein Mann akademischer Bildung mit einem Hang zur praktischen Ausführung. An der Universität in Paris hatte er seinen Abschluss mit höchsten Ehren gemacht. Im Jahr 1269 befand er sich in der Ingenieursabteilung der französischen Armee bei der Belagerung von Lucera in Süditalien. Ihm war übertragen worden, das Lager zu befestigen und Geräte zu bauen, mit deren Hilfe Steine oder brennbares Material weit geschleudert werden konnten. Dabei schien ihm die Idee gekommen zu sein, einen Mechanismus zu entwickeln, der sich permanent in Rotation befindet. Diese Arbeit hat Peregrinus zu der Erkenntnis geführt, dass ein Rad durch

THE LETTER OF
PETRUS
PEREGRINUS
ON THE MAGNET, A.D. 1269
TRANSLATED BY
BROTHER ARNOLD, M.Sc.
PRINCIPAL OF LA SALLE INSTITUTE, TROY
WITH
INTRODUCTORY NOTICE
BY
BROTHER POTAMIAN, D.Sc.
PROFESSOR OF PHYSICS IN MANHATTAN COLLEGE, NEW YORK

NEW YORK
McGRAW PUBLISHING COMPANY
MCMIV

Der Permanentmagnet-Motor von Lee Bowman 1954

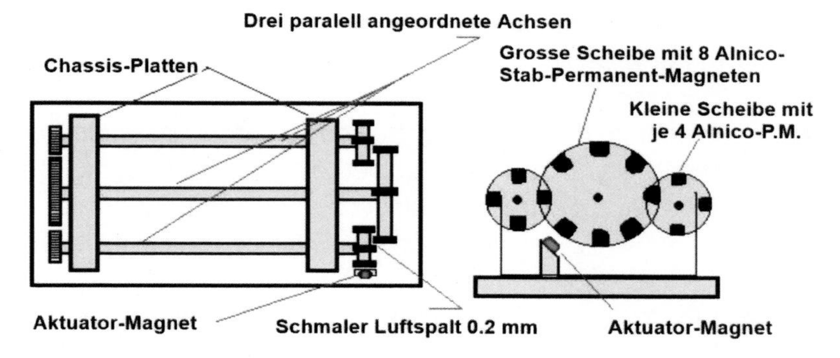

Permanentmagnetmotor nach Bowman, Quelle: http://perpetualmotion21.blogspot.com/2015/11/modified-bowman-motor.html

die Kraft der magnetischen Anziehung dauerhaft angetrieben werden kann.

Er verfasste über den Mechanismus des Motors und die Funktion seiner Teile einen Brief, worin er die Eigenschaften der Magneten erklärte. Dieses Schreiben ist der erste Hinweis auf das Gebiet der magnetischen Philosophie. Eine Übersetzung aus dem Lateinischen einschliesslich der Zeichnungen wurde durch Zufall 1936 in der City Public Library in New York wiedergefunden. Wie die Papiere dorthin gelangten, ist nicht festzustellen.

Peregrinus' Motor wurde nach den gefundenen Plänen im Jahr 1954 von Lee Bowman[7] nachgebaut. Die obenstehende Skizze zeigt die genaue Funktionsweise dieses Motors.

Der Motor bestand aus drei Wellen, die zwischen zwei Abschlussplatten auf einer Sockelplatte befestigt waren. Drei Zahnräder waren an jeder der drei Wellen in einem Verhältnis von 2:1 mit einem grösseren Zahnrad in der Mitte aufgesetzt. Acht Magneten waren auf der grossen Scheibe befestigt und jeweils vier auf den beiden kleineren Scheiben. Die Magneten waren so eingestellt, dass sie, sobald die Scheiben bewegt wurden, in jeder Lage nebeneinander synchron waren. Der einzelne Aktuator-Magnet unter der grossen Scheibe bewirkte die Rotation, indem er die magnetischen Kräfte der Scheiben ins Ungleichgewicht brachte.

Obwohl verschiedene eindrucksvolle Vorführungen stattfanden, rief das keinerlei weiterführendes Interesse hervor, so dass der Motor wieder in Vergessenheit geriet. Ob er heute noch irgendwo zu finden ist, erscheint sehr fraglich.

Johann Besslers Rad

Johann Ernst Bessler (1680-1745) aus Gera entwickelte 1712 unter dem Pseudonym "Orffyreus" ein selbst laufendes Rad, das, einmal in Bewegung gesetzt, sich endlos weiter drehte[8]. Es konnte sogar kleine Gewichte anheben, ohne abgebremst zu werden. Die gesamte Konstruktion hatte eine Länge von 3,60 Metern. In den Jahren 1712 bis 1715 wurde sie von Professoren, Physikern, Mechanikern und anderen untersucht und getestet. Ein Betrug konnte so ausgeschlossen werden. Dann wurde das Rad bei Landgraf Carl von Hessen-Kassel 28 Tage in einen versiegelten Raum eingeschlossen. Als man diesen öffnete, drehte es sich noch immer.

Russlands Zar Peter der Grosse entwickelte lebhaftes Interesse an Besslers Maschine und hatte vor, 1725 nach Deutschland zu reisen, um sie in Augenschein zu nehmen und gegebenenfalls käuflich zu erwerben. Der Zar gab ein Gutachten in

Auftrag und begann mit den Kaufverhandlungen. Orffyreus forderte eine Summe von 100'000 Talern. Der vorzeitige Tod des Zaren verhinderte jedoch das Zustandekommen des Kaufs.

Bessler war ein einfallsreicher Mensch, der es selten länger bei einer Tätigkeit aushielt und der oft knapp bei Kasse war. Aber er war klug, gelehrig und redegewandt und verstand es, aus jeder Situation Nutzen zu ziehen. Trotzdem wurde über den Erfinder verächtlich gesprochen. Man spottete darüber, dass er etwas baute, das allen bekannten Theorien zufolge nicht funktionieren konnte. Man teilte dies sogar Isaac Newton mit, was leider unbeantwortet blieb. Bessler zerstörte dann seine Entwicklung, weil er weiter keinen Interessenten fand. Nach ruheloser Zeit starb er 1745. Einen Eindruck von dieser Maschine gibt ein Holzschnitt, der in Besslers eigenem Buch ("Perpetuum mobile triumphans", Kassel, 1719) erschien. Wie seine Maschine genau funktionierte und ob Bessler ebenfalls mit Magneten arbeitete, geht daraus nicht hervor.

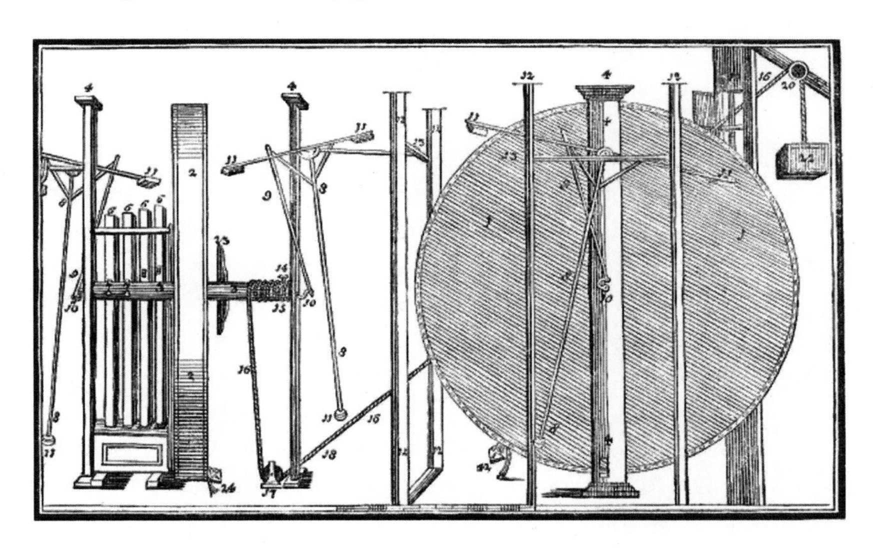

Karl Schappeller - Primärkraft-Forscher

Der Primärkraft-Forscher Karl Schappeller[9] aus Aurolzmünster in Österreich hat ebenfalls und fast zur gleichen Zeit wie Nikola Tesla in Graz Ingenieurswissenschaften studiert und ist wahrscheinlich von den gleichen Lehrkräften auf die Existenz der Ätherenergie aufmerksam gemacht worden. Er hat sich im Jahr 1905 frühzeitig von seinem Posten als Postmeister pensionieren lassen, um sich als Pionier der Freien Energie im Rahmen der Vril- und Thule-Konzeption weiterzubilden. So wurde er 1928 zum Entdecker der imaginären Raumkraft und brachte viele Ideen hervor, u.a. auch die Idee, mit dieser Urkraft Autos ohne Benzin anzutreiben. Er wurde auch zum Major des Kaisers von Österreich ernannt.

Nach einem ersten Gespräch mit Heinrich Himmler 1933 in Wien und der Übernahme Österreichs 1937 in das Grossdeutsche Reich versuchte die SS mehrfach, Karl Schappeller mit seinen Ideen in die Reichsarbeitsgemeinschaft "Neues Deutschland" zu integrieren. Dieser wehrte sich jedoch dagegen, denn er wollte nicht, dass seine Ideen destruktiven Zwecken dienten.

Schappeller beschreibt die Urkraft. Was aber ist die Urkraft? Sie ist die Kraft, die die gesamte Welt im Innersten zusammenhält. Es gibt also in der Natur kein Nichts, keinen gänzlich leeren Raum. Wo keine Materie ist, da ist Energie. Ein leerer Raum ist stets ein Kraftraum, der seinerseits wieder an eine ihn umhüllende Materie gebunden und durch seine spezifische Abtönung bestimmt ist.

Da Erde und Atmosphäre einmal gegebene Voraussetzungen sind, war es lediglich notwendig, zwischen diesen beiden Elektroden den richtigen Schliessungsleiter zu finden, durch welchen der Energiekreislauf Erde-Kosmos bewirkt wird. Die Natur dieses Schliessungsleiters wurde durch das Studium des Blitzes, seiner Wesenheit und Wandlungen erkannt .

Der Blitz ist nichts anderes als ein Spannungsausgleich zwischen der Erde, der elektromagnetischen Strahlung und der Atmosphäre. Gelänge es den Menschen, einen konstanten Blitz zu erzeugen, dann wäre damit der Schliessungsleiter zwischen Erde und Atmosphäre gefunden, durch den ein Kreislauf elektrischer Energie aus dem unerschöpflichen Weltall und wieder zurück vor sich gehen muss.

Stromstärke und Stromart dieser elektrischen Energie hängen dabei einzig und allein von der Aufladung des künstlich erzeugten Blitzes ab. Diesen konstanten Blitz, auch als glühender Magnetismus dargestellt, zu erzeugen und für seine Verwertung als kosmischen Schliessungsleiter die geeignete Apparatur zu finden, ist Schappeller in vollendeter Weise gelungen. Er hat dabei verschiedene gebräuchliche technische Möglichkeiten auf den Kopf gestellt, das heisst, er hat genau umgekehrt als bisher geschaltet. Dabei hat sich die Erde als ausgezeichneter Schliessungsleiter für elektrischen Strom herausgestellt. Die aus dem Kraftreservoir Erde jeweils abgezogene Menge ist abhängig von der Kraft, mit welcher an dem Reservoir gesaugt wird. Je kräftiger und länger an Sauglöchern gesaugt wird, desto mehr Flüssigkeit wird dem Behältnis entzogen. Der Dynamo eines E-Werks liefert auch nur so viel Strom, wie an das Netz angeschlossene Verbraucher benötigen.

So hat Prof. Klandys postuliert: *“Schafft der Natur die Bedingungen, dann arbeitet sie ohnehin selbst!”* – oder, wie er in einer anderen, unveröffentlichten Schrift zum Ausdruck brachte: *“Raumbeherrschend ist die Energie, raumbesitzend ist die Materie.”* Daher kann es im dreidimensionalen Raum keine absolute Ruhe geben, sondern alles ist in steter harmonischer Bewegung. Kraftraum und Raumkraft sind demnach Plus und Minus in der Physik der Natur, zu vergleichen mit Plus- und Minuspol einer beliebigen Stromquelle.

Zwischen diesen beiden Polen der Natur schaltet Schappeller seinen Motor ein, der genau der Form dieses Differentialgefälles entsprechen muss. Dabei würde der Nullpunkt so bleiben, aber nicht als Pol, sondern als Indifferenz, und als Gegenpol würde der energetische Minuspol als negative Aktivität in Erscheinung treten. In seinen Skizzen drückte er sich ungenau aus, weil er sich auf gefährlichem Terrain befand und vermeiden wollte, dass sich die Nazis seiner Theorie bemächtigten, um sie militärisch zu nutzen.

28-seitige Schrift Karl Schappellers, die in Österreich erschienen ist und mehrere Abbildungen enthält.

Mit Karl Schappellers Tod 1947 geriet seine Idee in Vergessenheit und sollte nun, da sich eine weltweite Energiekrise abzeichnet, von nachfolgenden Erfindern aufgegriffen und zur Vollendung gebracht werden. In einem Film von Angela Summereder von 2015 wird Schappellers Leben und Wirken beschrieben[10,11].

H. L. Worthingtons Magnetmotor

Der Erfinder H. L. Worthington konstruierte im Jahr 1929 einen Dauermagnetmotor und meldete ihn unter der Nummer US1724446 zum Patent an[12]. Seine Absicht war, einen Rotor zu verwenden, der aus Dauermagneten bestand. Die Rotormagnete und die Statormagnete sollten gleiche Pole haben, die sich gegenüber stehen, um dadurch eine abstossende Kraft zu erhalten. Durch die Positionierung der einzelnen Magnete – 8 Statormagnete und 4 Rotormagnete – übt der Stoss jedes Magneten den Stoss auf alle anderen aus. Daher konnte das Gerät keine Rotation erzeugen.

Worthington installierte zwei Elektromagnete und einen Schwenkarm mit je einem Paar Statormagnete, die sich in günstigen Rotationsmomenten ins Magnetfeld hinein und wieder hinaus bewegten. Auf diese Weise wollte er die Statormagnete veranlassen, die Rotormagnete bis zu einem bestimmten Punkt anzuziehen, an dem dann die Rollen ihre Position wechseln. Jetzt kann der Rotor aufgrund der magnetischen Abstossung anfangen zu rotieren. Worthingtons Idee war es, Elektromagnete zu verwenden, um den Schwenkarm dazu zu bringen, die Shuntrollen in strategischen Momenten der Rotation ins Magnetfeld einzuführen und wieder herauszuführen, so dass dadurch eine fortlaufende Rotation entsteht (Shunt = Ableitung, vorzugsweise aus Eisen oder Eisenlegierung).

In verschiedenen Experimenten wurde festgestellt, dass man zwei gleiche Pole dazu bringen kann, sich aufeinander zu zu bewegen, aber erst, wenn sie sich nah genug sind, so dass die Anziehung zum Shunt viel stärker ist als die Abstossungskraft. Bis zu diesem Punkt werden sich die beiden gleichen

Aug. 13, 1929. H. L. WORTHINGTON 1,724,446

MAGNETIC MOTOR

Filed Nov. 23, 1925 2 Sheets-Sheet 1

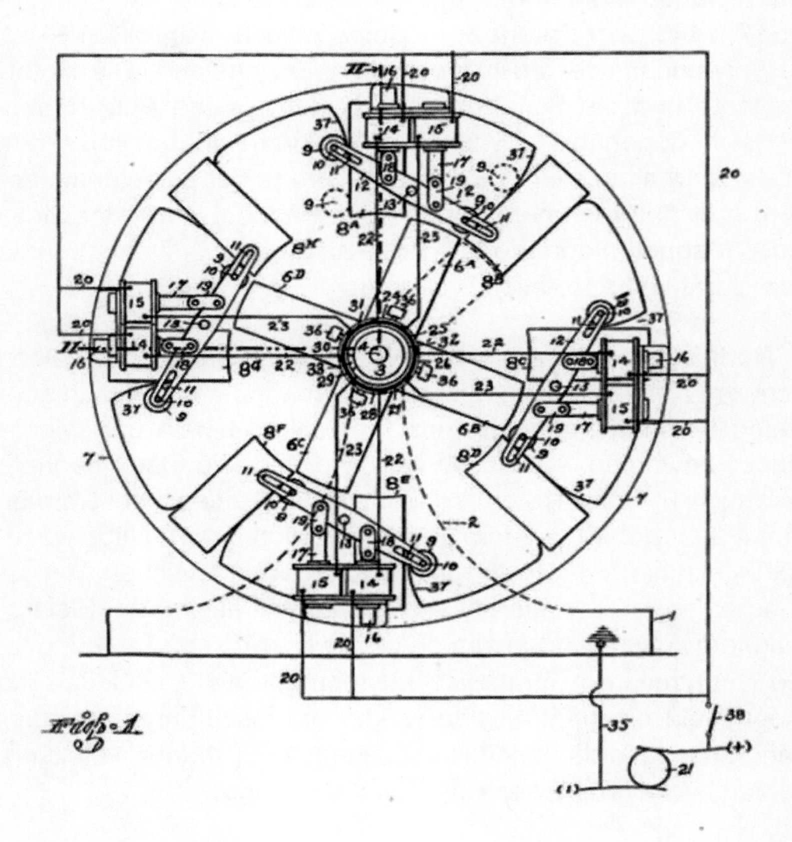

INVENTOR

Harry L. Worthington

BY

Greaniа Vale

ATTORNEY

Nur war man bis dato nicht in der Lage, zwei gleiche Pole zu veranlassen, sich bis zu einem Punkt aufeinander zu zu bewegen, wo sie nach der Entfernung des Shunts sich gegenseitig abstossen und den sich bewegenden Magneten in die gleiche Richtung zu drängen anstatt in die entgegengesetzte, so dass er den gleichen Weg zurückgeht, den er kam, um ins Feld einzutreten.

John W. Ecklins Permanentmagnetmotor

Der Erfinder John W. Ecklin[13] meldete 1974 ein Patent für einen sehr einfachen Magnetmotor an und brachte eine Anzahl von Nebenentwürfen hervor, die auf dem Prinzip der Rückführung von Gegen-EMK (elektromagnetische Kraft) beruhen. Sein Konzept besteht im Wesentlichen aus dem Dreh eines weichen Eisenschildes zwischen zwei Dauermagneten, wodurch die magnetischen Kraftlinien unterbrochen werden. Diese Schilde sollen den Magnetismus innerhalb der stationären zentralen Spulen umkehren, wodurch die Gegen-EMF aufgrund des Lenz'schen Gesetzes umgangen wird, um eine erhöhte Leistung aus der Spule zu erhalten.

Diese Einheiten, auch Wellengeneratoren genannt, führten zur Konstruktion von grösseren Typen und schliesslich zu den variablen Widerstandsgeneratoren/Wechselstrommotoren.

Ein solcher Motor besteht hauptsächlich aus alternierenden Wechselstrom- und Gleichstrom-Feldwindungen, wobei der geringere Gleichstrom-Input einen grösseren Wechselstrom-Output produziert, der sehr vielseitig eingesetzt werden kann.

Diese Motoren haben ein Input-Output-Verhältnis von etwa 1:3, wobei weitere Verbesserungsarbeiten laufen. In Amerika

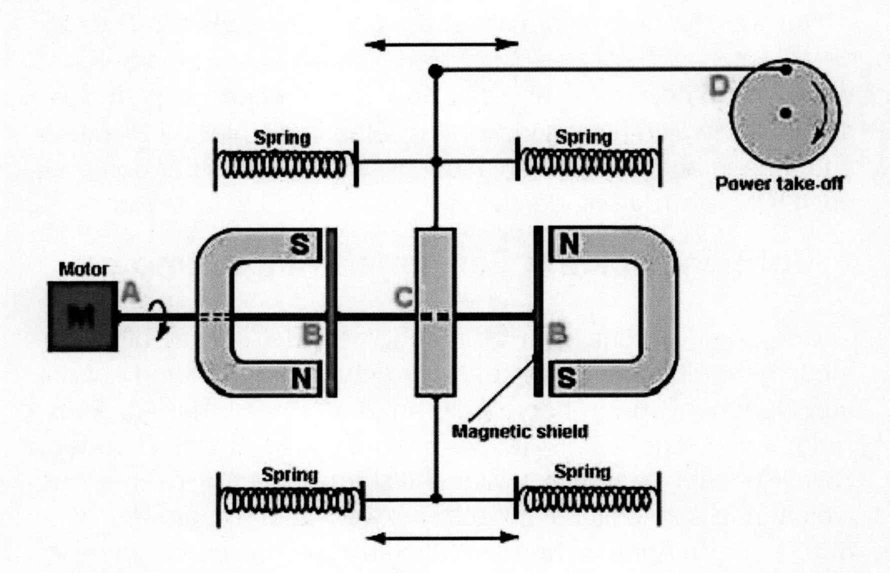

Der Permanentmotor von John W. Ecklin (Spring = Feder, Power-take-off = Leistungsauskopplung).

wie auch in Dänemark werden diese Bemühungen fortgesetzt, um noch bessere Leistungen zu erzielen.

J. W. Putts Energie-Umwandler

Der Erfinder J. W. Putt[14] entwickelte einen Dauermagnetmotor, der zum Antrieb eines Autos verwendet werden kann. Im November 1976 wurde ihm auf seine Idee das US-Patent Nr. 3,992,132 erteilt. Putts Gerät ähnelt einer hydraulischen Pumpe. Es hat zehn Magnete, die an kolbenartigen Hydraulikpumpen angebracht sind. Im Inneren des Gehäuses befindet sich ein Dauermagnet-Rotor, der die Magnetkraft der Anziehung und Abstossung der umgebenden Magnete veranlasst,

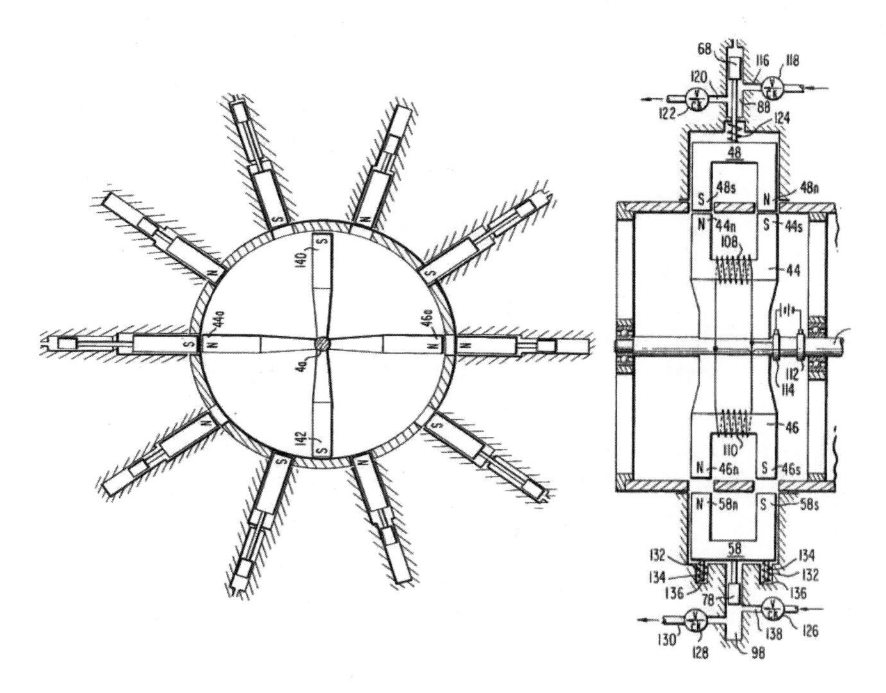

J. W. Putts Energie-Umwandler.

2400 Kubikinch hydraulische Flüssigkeit pro Minute zu pumpen. Der Rotor wird von einer externen Energiequelle angetrieben. Selbstverständlich kann der magnetische Rotor auch durch einen Hydraulikmotor angetrieben werden. Natürlich muss die Pumpe genügend Volumen und Druck liefern.

Die Energie, die gebraucht wird, um den magnetischen Rotor anzutreiben, ist sehr gering im Vergleich zum Energie-Output des Geräts, weil jeder der Rotormagnete sich in das gegenüberliegende Magnetfeld hinein bewegt. Es bewegt sich der eine in die magnetische Anziehungskraft, gleichzeitig bewegt sich der andere in die magnetische Abstossungskraft. Dadurch wird die Kraft, die benötigt wird, um den Rotor anzutreiben, fast ausgeglichen, wobei die einzig benötigte Kraft die ist, die die Differenz zwischen Anziehung und Abstossung ausmacht.

Nähere Leistungsdaten stehen leider nicht zur Verfügung.

Heinrich Kunels Kraftmaschine

Nach der Offenlegungsschrift 2556799 vom 30.6.1977 handelt es sich bei der Erfindung von Heinrich Kunel[15] um eine Kraftmaschine zur Nutzung elementarer Energie und der daraus hervorgehenden magnetischen Kräfte.

Heinrich Kunel wurde des öfteren das Opfer von unlauteren Machenschaften. So wurde er 1970 von den Geschäftsführern einer Kunstlederfabrik um 150 Millionen Mark betrogen und nach Zusammenarbeit mit einem chinesischen Unternehmen um die Rechte eines von ihm gebauten Prototyps gebracht.

Seine Idee war, die Anziehungs- und Abstossungskräfte von Permanentmagneten so umzuleiten, dass diese sich nicht gegenseitig aufheben, sondern addieren und so ein Nettodrehmoment hervorrufen. Dieser Konverter hat alle Tests gut bestanden und erzielte einen Wirkungsgrad von 1,3:1 (130%) bei laufendem Apparat.

Kunels Kraftmaschine zählt zu den rotierenden Geräten mit hoher Betriebssicherheit, aber relativ grosser Komplexität. So

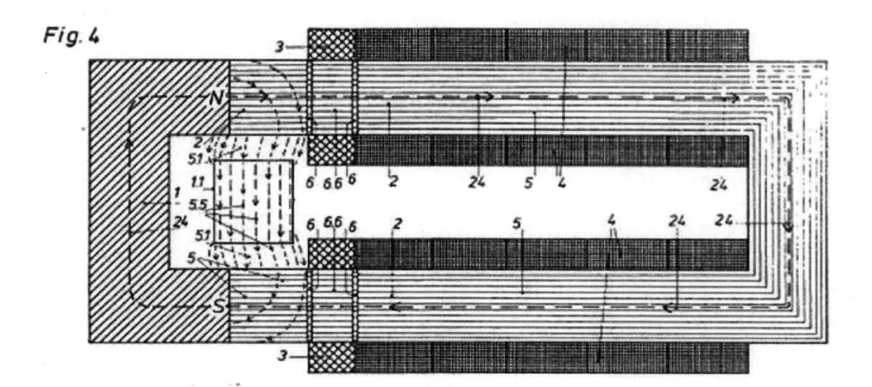

Auszug aus Heinrich Kunels Patent.

müssen zum Beispiel qualitativ hochwertige Cobalt-Samarium-Magnete eingesetzt werden, und diese sind nur schwer zu beschaffen (Anmerkung: Heute gibt es Neodymmagneten). Die Idee ist, die Kräfte des Magnetismus zur Verrichtung mechanischer Energie zu nutzen. Dabei ist zu bedenken: Verlaufen die Wirkungslinien der zwei gleich grossen Kräfte eines magnetischen Dipols mit entgegengesetzten Richtungslinien in einem Abstand parallel zueinander, so heben sie sich nicht auf, sondern bewirken ein Drehmoment, das zum Antrieb genutzt werden kann.

Die anziehende Wirkung ungleichnamiger Pole und die Abstossung gleichnamiger Pole werden durch den Eingriff des zweiten gleichgesinnten beweglichen Systems auf bewegliche Teile übertragen und bringen damit die Welle in drehende Bewegung.

James E. und James W. Jines' Magnetmotor

Ihre Idee wurde durch das Patent Nr. 3,469,130 vom 23. September 1969 dokumentiert und unterscheidet sich von anderen Typen von Magnetmotoren dadurch, dass sie ausschliesslich die magnetischen Anziehungskräfte ausnutzt[16].

Anstelle von Dauermagneten verwenden die beiden Erfinder ein hochmagnetisches Teil als Antriebsteil des Motors. Dieser hat zwei Statoren und einen Regler. An den Statoren sind Dauermagneten fest angebracht, während der Rotor an der einen Seite aus einem hochmagnetischen Teil und auf der anderen Seite, 180 Grad gegenüber, aus einem nicht magnetischen Gegengewicht besteht. An den jeweils gegenüberliegenden Seiten des Rotorschachtes sind die beiden Nocken befestigt.

Es kann jeder Magnet den Teil des Rotors anziehen, der aus Weicheisen hergestellt ist. Ein Dauermagnet kann dadurch dazu gebracht werden, keine Magnetwirkung auf den Rotor auszuüben, bis aus strategischen Momenten seine Rotation in Bewegung gehalten wird. Deshalb müssen die Magnete vollkommen in magnetisches Metall wie Weicheisen eingekleidet sein. Alle Magnete sind bedeckt, ausser einem, der in dem Moment, in dem das Magnetstück des Rotors gerade in sein Magnetfeld eintreten will, unbedeckt sein muss. Der unbedeckte Magnet wird sofort wieder abgedeckt in dem Moment, in dem er das Magnetfeld verlassen muss. Dadurch soll der Rotor seine Rotation fortsetzen. Jeder Magnet wird in dem Augenblick wieder abgedeckt, in dem das Rotorstück sein Magnetfeld verlassen muss und sich zum unbedeckten Magneten weiter bewegt. Dadurch wird eine Wechselwirkung des Rotors erzeugt, und zwar in der Richtung, in die der ursprüngliche Anstoss gegeben wird.

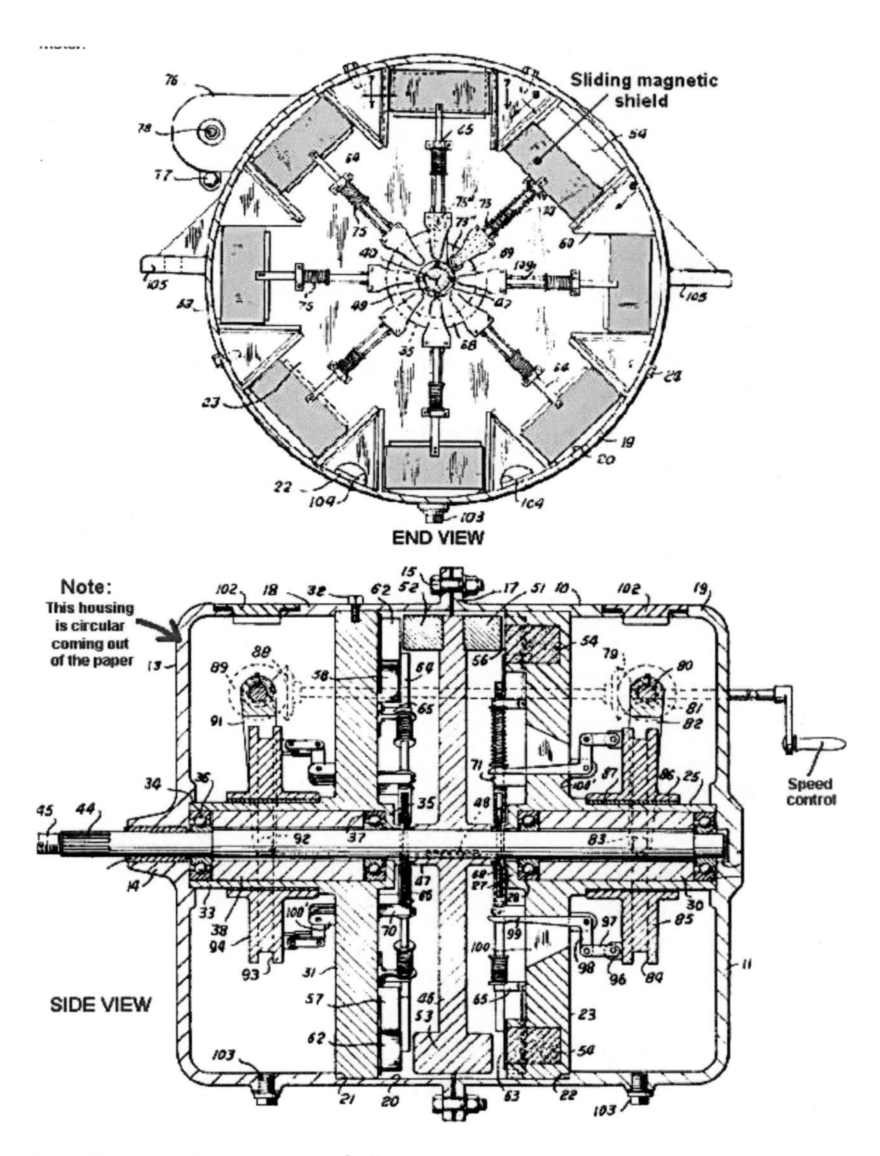

Der Magnetmotor von Jines & Jines.

R. W. Kinnisons Magnetmotor

Der Erfinder R. W. Kinnison[17] verwendet eine Art Shunt, um zur normalen Abstossung zweier gleicher Pole von Dauermangeten eine Gegenreaktion zu bewirken. Er nennt es "Ablenker", weil magnetisches Material ins Magnetfeld eingeführt und wieder herausgeführt wird. Er verwendet Hufeisenmagnete, die an strategischen Punkten anstelle fest installierter Magnete angebracht sind, und einen weiteren Hufeisenmagneten, der an einer rotierenden Kurbel angebracht ist. Kinnison sagt, dass der Motor nur für die Abstossungskraft der Dauermagnete arbeitet und behauptet, dass die Ablenker aus nicht eisenhaltigem Metall hergestellt sind, mit Zusätzen aus eisenhaltigem Metall an den strategischen Punkten.

Sobald sich der rotierende Magnet in die Position begibt, in der zwei gleiche Pole sich gegenseitig abstossen würden, wird der Ablenker in Position gebracht, um eine Ablenkung der Abstossungsmagnetkraft zu bewirken.

Wenn er einmal die Position erreicht hat, wird der Ablenker entfernt, so dass eine normale Abstossung der beiden gleichen Pole stattfindet und dadurch der rotierende Magnet seine Rotation fortsetzt. Jeder rotierende Pol durchläuft viermal pro Umdrehung einen neutralen Zustand. Es muss auch gesagt werden, dass, weil jeder feste und jeder rotierende Magnet einen Nord- und einen Südpol hat, die sich gegenüber stehen, die festen Magnete strategisch günstig angebracht werden müssen, damit die ungleichen Pole den Vorgang nicht beeinflussen.

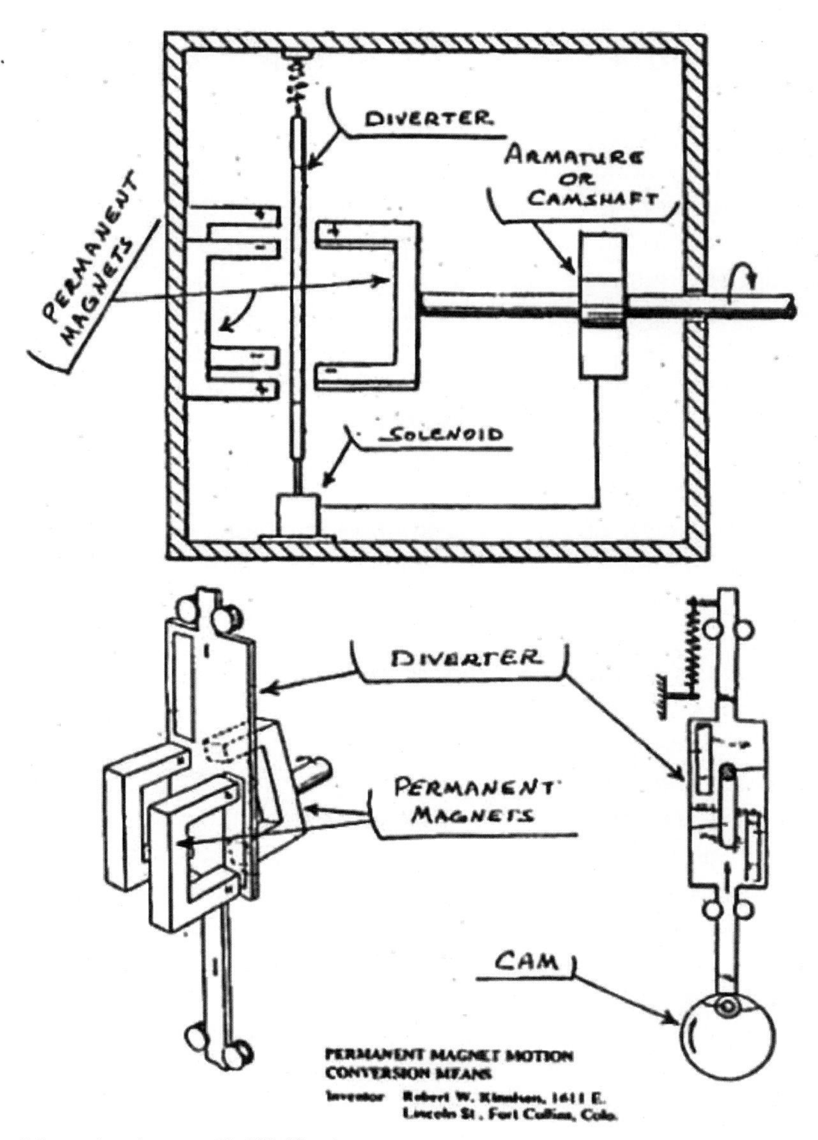

Magnetmotor von R. W. Kinnison.

Donald A. Kellys magnetischer Antrieb

Der Konstrukteur Donald A. Kelly[18] entwarf im Jahr 1979 oszillierende Schwenkarme, die die Feldmagneten selbst ins Magnetfeld der Antriebsradmagneten hineinführen und herausführen. Um die Oszillation der Schwenkarme zu erreichen, verwendet er elektrische Motoren sowie Excenter und die passende Verbindung zu den Schwenkarminstallationen.

Die Schwenkarme sind mit zwei Magneten versehen, einer mit gleichen Polen, die den gleichen Polen der Antriebsmagnete gegenüber stehen, und der andere mit ungleichen Polen, die den ungleichen Polen der Antriebsmagnete gegenüber stehen. Zuerst wird eine Zugkraft und dann eine Schubkraft auf jeden Antriebsmagneten ausgeübt, während der Schwenkarm von einer Position zur nächsten oszilliert.

Es wird darauf hingewiesen, dass Batterien oder Solarzellen die Motoren mit Energie versorgen, um die oszillierenden Schwenkarme mit entsprechenden Verbindungen anzutreiben. Da das Drehmoment durch das Antriebsrad des Dauermagnetmotors grösser ist als das Drehmoment, das benötigt wird, um die Schwenkarme in Funktion zu setzen, wäre es einfach, das Antriebsrad an einen Wechselstromgenerator anzuschliessen, um die notwendige Spannung für die Elektromotoren zu erhalten.

Warum aber will man einen Dauermagnetmotor herstellen, wenn er Energie von aussen benötigt? Es sei denn, er kann den für seinen Betrieb notwendigen Strom selber liefern. Auf dem freien Markt gibt es bereits Wechselstrommotoren, die sich einer Effizienz von 100% des genommenen Stroms nähern. Nur sind diese sehr teuer.

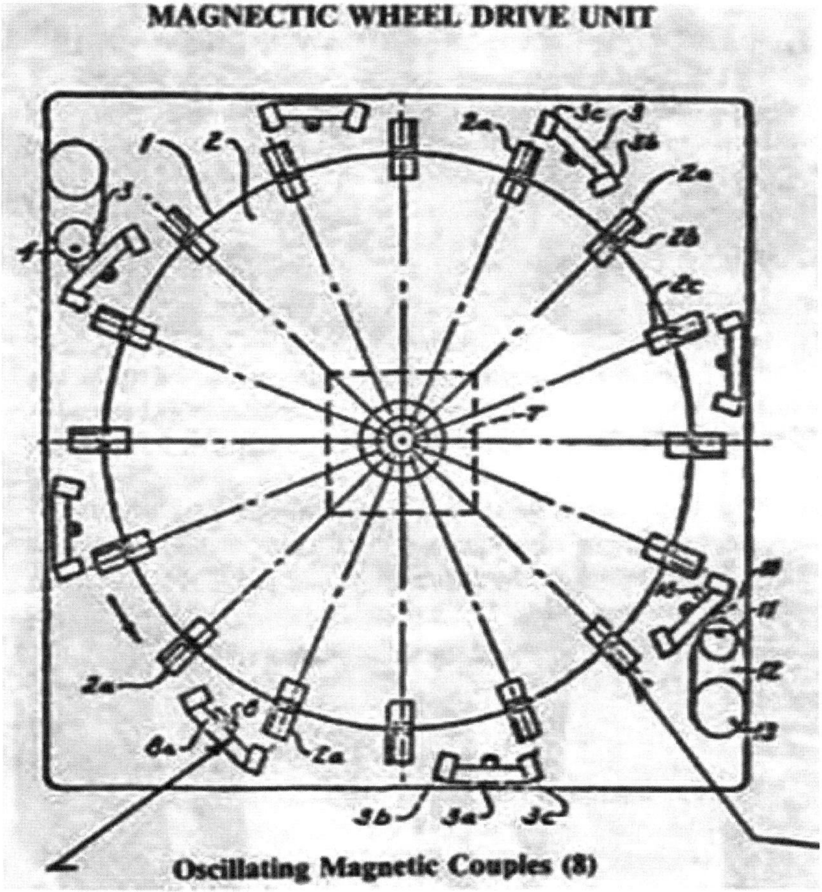

MAGNECTIC WHEEL DRIVE UNIT

Oscillating Magnetic Couples (8)

Donald A. Kellys magnetischer Antrieb.

Howard R. Johnsons Permanentmagnetmotor

1980 wurde von einem neuartigen Magnetmotor berichtet, der 1979 in den USA für Howard R. Johnson[19] patentiert wurde und der imstande sei, einen 5-kW-Generator anzutreiben.

Johnson hatte schon mit vier Firmen Lizenzverträge abgeschlossen, die sich über die Funktion vorher informiert hatten. Sein Motor wurde Gegenstand zahlreicher wissenschaftlicher Kontroversen.

Die Funktionsweise der Gleich- und Wechselstrommotoren besteht darin, dass Elektromagnete gegenseitig aufeinander einwirken, um Leistung zu erbringen. Nach Meinung der Wissenschaftler lässt sich aus der Nutzung von Dauermagneten allein keine Arbeitsenergie erzeugen.

An der Entwicklung eines solchen Motors wird schon längere Zeit gearbeitet, und zwar in der Form, dass er nicht in Verbindung zu einer Stromquelle steht, sondern allein durch seine Magnetkraft angetrieben wird. Johnsons Motor funktionierte jedoch, obwohl einige Wissenschaftler skeptisch waren, weil er die Gesetze der Energieerhaltung zu verletzen schien.

Das ist jedoch für diejenigen, die das Vakuum-Energiefeld verstehen, kein Problem. Bekanntlich wird der Magnetismus mit dem Spin unpaariger Elektronen assoziiert, der für magnetische Materialien charakteristisch ist. Es besteht dabei die Möglichkeit, die Energie aus dieser kinetischen Rotationsenergie des Elektrons zu extrahieren, die permanent vom Vakuum-Energiefeld nachgeliefert wird.

Howard Johnsons Permanentmagnetmotor.

Als Johnson gefragt wurde, ob sich der Elektronenspin durch den Betrieb seines Motors verringern würde, antwortete er: *“Ich habe den Elektronenspin nicht in Gang gesetzt und kenne auch keine Möglichkeit, ihn zu stoppen - Sie etwa?”*

Die Perpetualbewegung scheint ein Grundaspekt der Natur zu sein.

John Searls' Äther-Vortex-Turbine

Der 1932 geborene und 2018 gestorbene John Searl[20] wurde ohne offizielle Ausbildung in Birmingham/England beim "Midland Electricity Board" als Elektroingenieur angestellt und entdeckte dabei ein ungewöhnliches magnetisches Phänomen, das herkömmlichen Magnettheorien dennoch nicht widerspricht.

Die Magnetwirkung ist in diesem Fall auf den Spin unpaariger, elektrisch geladener Elektronen in den Atomen magnetischer Materialien zurückzuführen. Die Magnetisierung besteht im Prozess der gleichmässigen Ausrichtung dieser Atome. Gewöhnliche Magnete absorbieren Mikrowellenstrahlung, und man nimmt an, dass die derart absorbierte Energie in kinetische Winkelbewegung in den Elektronen umgewandelt wird oder dass diese dadurch dazu angeregt werden, neue Energiezustände anzunehmen.

Die faszinierende Bedeutung von Searls Gerät liegt darin, dass es auf ungeklärte Weise die Trägheit der Masse relativ zur Umgebung aufhebt. Der dann notwendige Aufwand für die Beschleunigung eines Fahrzeugs läge bei fast Null. Somit wären im Vakuum oder im Weltraum, wo keinerlei Widerstand auftritt, unendliche Beschleunigungen denkbar.

John Searls Arbeiten wurden Ende der 1980er Jahre an der Universität von Sussex informell untersucht, wobei die ungewöhnlichen Eigenschaften seiner speziellen Magnete bestätigt wurden.

Dieses wurde praktisch realisiert durch den "Searl-Effect-Generator SEG", der sich bei den ersten sechs Versuchen von

John Searls Vortex-Turbine.

der Arbeitsplatte abhob und durch das Dach in entfernte Regionen entschwand. Danach gelang es Searl, dieses Gerät durch eine Steuerung regulierbar zu machen.

Er entwickelte auch daraus eine “fliegende Untertasse”, die durch einen vergrösserten Magnetantrieb mit hoher Drehzahl von der Erdoberfläche abheben soll.

John Searl hat im Laufe der Jahre überall freie Mitarbeiter gewonnen, die seine Geräte testen und nachbauen. So sind verschiedene Firmen in mehreren Ländern dabei, seine Magnetmaschinen zur Serienreife zu entwickeln[21,22].

Magnetodynamische Energieumwandler

Bruce de Palmas N-Maschine

Im Jahr 1958 machte Bruce de Palma am Massachusetts Institute of Technology MIT seinen Ingenieursabschluss in Elektrotechnik. Er beschloss, die Ergebnisse seines neu entdeckten Wissens aus dem Bereich schwingender Objekte auf elektrische Messgeräte zu übertragen, wo genaue Instrumente jedermann zur Verfügung stehen. Durch seine Ideen geleitet, erfuhr er mehr und mehr über die Eigenschaften von rotierenden Magneten und machte eine Entdeckung im Energiebereich, die sein Leben (1935-1997) vollkommen veränderte.

De Palma[23] verwendete moderne Materialien wie superstarke Magneten, um Elektrizität zu gewinnen, und nannte sein Gerät N-Maschine. 1980 wurde mit den ersten Tests begonnen. An der Stanford Universität wurde eine umfangreiche Testreihe durchgeführt mit dem Ergebnis, dass die Ausgangsleistung die Eingangsleistung erheblich überstieg. Es wurde also mehr Leistung erzeugt, als investiert werden musste. Das machte die Wissenschaftler stutzig, denn es bedeutete eine Verletzung der anerkannten Gesetze der Physik. Wenn also de Palmas Maschine tatsächlich Energie produzierte, barg das unglaubliche Implikationen in sich. De Palma selber sagte: *"Ich rannte gegen eine Wand. Es ist, als ob die Wissenschaft alt geworden wäre und sich weit vom Leben entfernt hätte."*

Er kam zu der Überzeugung, dass die Überschussenergie aus dem Raum selbst stammte, also von der elektromagneti-

Bruce de Palmas N-Maschine.

schen Strahlung aus dem Universum. Deshalb werde das Energieerhaltungsgesetz nicht verletzt. Doch nicht nur das skeptische Wissenschafts-Establishment bereitete ihm Schwierigkeiten. Mehrere Konsortien traten an ihn heran und boten ihm Geld für die kommerzielle Produktion. Viel wurde versprochen, aber nichts davon in die Tat gesetzt.

Mehrere Leute empfahlen de Palma, ein Haus oder mehrere Geräte mit seiner N-Maschine zu betreiben, um die Skeptiker durch geeignete Vorführungen zu überzeugen. Er entgegnete, ein Grund, warum er die N-Maschine in den USA nicht weiter entwickelt habe, bestehe darin, *"weil sie mir den Kopf abreissen würden."*

Er fügte hinzu, ihm sei durch einen Boten mit Verbindungen zu den höchsten Stellen der US-Regierung übermittelt worden, dass die Raumenergie in den Vereinigten Staaten unerwünscht sei. Warum?

De Palma kehrte daraufhin den USA den Rücken und ging zunächst nach Australien und dann nach Neuseeland, wo er weiter an seiner Erfindung arbeitete.

N-Maschinen-Forscher Adam Thrombly.

Anmerkung des Verlegers: In den USA setzte Adam Thrombly die Arbeit von Bruce de Palma fort. Wie er 2010 an einem Kongress[24] auf der Schweibenalp in der Schweiz berichtete (wo der Autor auch einen Vortrag über neue Energiesysteme hielt), habe man versucht, ihn zu töten. Im Film "Thrive I" von Foster Gamble[25] erläutert er seine Geschichte und sein Schicksal.

Don Martins Stromerzeuger

Der amerikanische Musiker und Elektroniker Don Martin[26] hat einen invaliden Sohn, der ständig von der Zufuhr elektrischen Stroms abhängig ist, um am Leben zu bleiben. Da er und seine Familie auf dem Land im Staat Michigan leben, wo manchmal durch Witterungseinflüsse die Stromversorgung zusammenbricht, hat er für seinen eigenen Bedarf einen Stromerzeuger entwickelt, um bei Ausfall der öffentlichen Stromversorgung seinen Sohn am Leben zu erhalten.

Dieses Gerät – eine Art Rotoverter[27,28] – wird mit einem 2,5-kW-Motorgeneratorsystem mit Batterieanlage und Wechselrichter angetrieben und gibt erstaunlicherweise bis zu 5 kW ab. Dies reicht zur Versorgung seines Hauses. Im Jahr 2001 besuchten ihn Adolf und Inge Schneider vom Jupiter-Verlag, zugleich Begründer der TransAltec AG, denen er sein Gerät vorstellte. Sie konnten sich davon überzeugen, dass keine andere Zuleitung bestand und sein selbst entworfener und gebauter Stromerzeuger einwandfrei die benötigte Spannung erzeugte. Sie einigten sich mit ihm und bezahlten ein zweites Gerät zur Demonstration beim Kongress[29] "Neue Energie-Technologien zur Jahrtausendwende" des Jupiter-Verlags 2000 in Zürich-Regensdorf/ Schweiz.

Adolf Schneider beim Besuch von Don Martin im Jahr 2001.

Der Bau dieses zweiten Geräts wurde von John McGinnis, damals Manager von Don Martin und Präsident der Tesla Society in den USA, ausgeführt. Er hielt sich jedoch nicht an die Vorgaben von Don Martin, weil er meinte, er wisse es besser als der Erfinder. Das war jedoch nicht der Fall, wie sich nach dem Transport in die Schweiz herausstellte. Alle Reparatur- und Optimierungsversuche blieben erfolglos. Danach waren mehrere Fachleute, unter anderem Dr.-Ing. Andreas Dittrich, bei Don Martin in den USA und stellten fest, dass der Orginal-Stromerzeuger sehr wohl funktioniert.

Ein Auftrag über den Bau eines weiteren Geräts kam nicht zur Ausführung, weil der Auftraggeber - neben den bereits bezahlten 30'000 USD - den von Don Martin geforderten Betrag von 15'000 USD nicht zu zahlen bereit war.

Edwin V. Grays elektromagnetischer Motor

Dies ist ein Motor, in dem ein Rotorgehäuse eine Anordnung von Elektromagneten hat. Das Gehäuse ist in einer Anordnung von Elektromagneten rotierbar, oder es sind fixierte Elektromagneten, die neben beweglichen in Position gebracht sind. Die Spulen der Elektromagneten sind während der Entladung an Kondensatoren angeschlossen, die mit relativ hoher Spannung geladen sind und durch die elektromagnetischen Spulen entladen werden, wenn ausgewählte Rotor- und Statorelemente eine Reihe bilden oder wenn sich die festen Elektromagneten und die beweglichen Elektromagneten nebeneinander befinden.

Die Entladung geschieht über Funkenlücken, die in der Anordnung auftreten im Hinblick auf das gewünschte Neben-

Edwin V. Grays elektromagnetischer Motor[30].

einander der ausgewählten beweglichen und stationären Elektromagnete. Die Kondensatorenentladungen geschehen gleichzeitig durch das Nebeneinander von stationären und beweglichen Elektromagneten, die so angebracht sind, dass ihre entsprechenden Kerne sich in magnetischer Abstossungspolarität befinden. Das führt zu einer erzwungenen Bewegung der beweglichen elektromagnetischen Elemente, und zwar weg von den danebenliegenden stationären elektromagnetischen Elementen bei der Entladung. Dadurch wird eine Rotation erreicht.

In diesem Motor erfolgt die Entladung entsprechend über ausgewählte Lücken, um eine fortwährende Rotation aufrecht zu erhalten. Kondensatoren werden zwischen entsprechenden

Anordnungspositionen von besonderen Rotor- und Stator-Elektromagneten des Motors wieder aufgeladen.

Es lohnt sich wirklich, auf diesen Motor ausführlich einzugehen. Mehrere amerikanische Physiker haben ihn mit Erfolg testen können. Nachdem Edwin Gray ca. 2 Millionen USD in seine Erfindung investiert hatte, wurden 1973 der fertige Motor sowie alle Unterlagen vom FBI beschlagnahmt, und Gray wurde aus unbekannten Gründen für kurze Zeit ins Gefängnis gesteckt. 1975 meldete er seine Entwicklung zum Patent an, das ihm aber nicht erteilt wurde: US3890548 (A).

Hokei Minatos Magnetmotor

Der japanische Erfinder Hokei Minato[31] hat in seiner “Japan Magnetic Fan Company” diverse Magnetmotoren entwickelt und von einer Warenhauskette den Auftrag über 40’000 Klimageräte erhalten, die mit seinem neusten Magnetmotor ausgerüstet sind. Um seine Maschine in möglichst grosser Zahl vertreiben zu können, legte Minato Wert auf die Zusammenarbeit mit kleinen und unabhängigen Firmen.

Minato stand vor Jahren kurz vor Vertragsabschluss mit dem Energiekonzern Enron, der bereit war, für Minatos Erfindung sehr viel Geld zu bezahlen. Minato allerdings wollte sich nicht an den Konzern binden und befürchtete ausserdem, dass seine Entwicklung im Tresor landen oder nur in Teilbereichen angewendet werden würde.

Hokei Minato vermutet, dass in seinem Magnetsystem die Quelle der Energie liegt. Sein Motor ist nicht völlig selbstlaufend. Er benötigt immer noch 20% oder weniger Eingangsleistung im Vergleich zu konventionellen Motoren mit dem gleichen Drehmoment und einer vergleichbaren mechanischen Leistung.

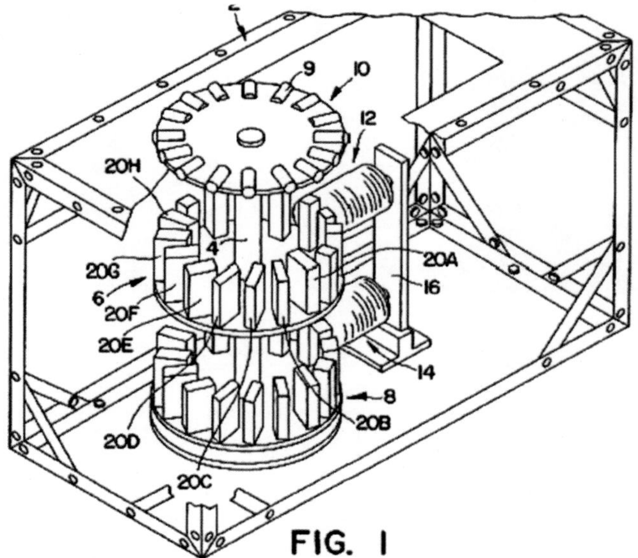

In der Tat dürfte er über die starken Magnetfelder Energie aus dem Vakuum auskoppeln, die erneuerbar und unerschöpflich ist und die verhindert, dass sich im Laufe der Zeit die Permanentmagnete entmagnetisieren.

Der deutsche Physiker Werner Heisenberg[32] hat einmal erklärt, dass seiner Meinung nach eines Tages der Magnetismus als Energiequelle weitweit genutzt werden könnte. Die Japaner scheinen nicht mehr weit davon entfernt zu sein.

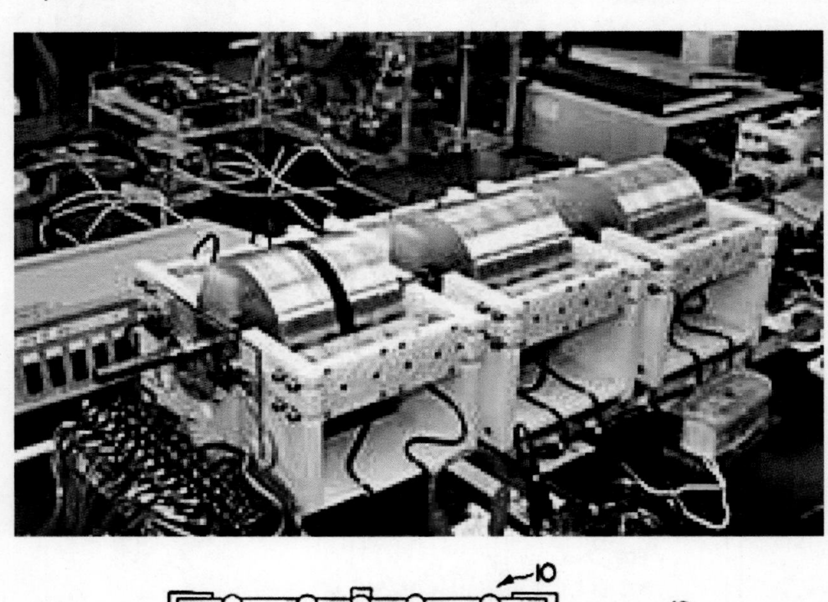

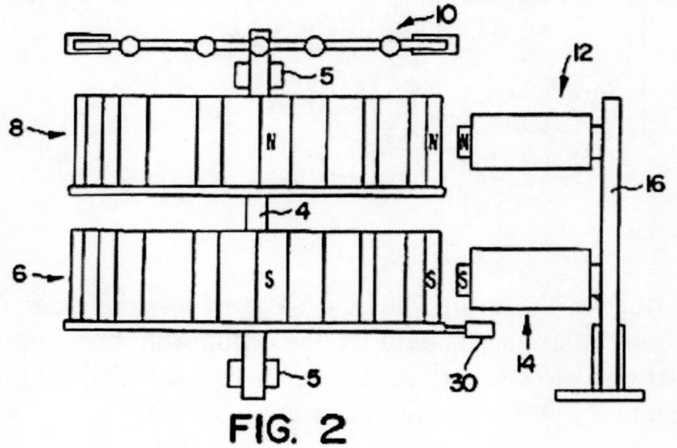

John Bedinis Magnetmotoren

Anmerkung des Verlegers: Der Verfasser Klaus Jebens hat in seinem 2006 erschienenen Buch "Urkraft aus dem Universum" John Bedini als lebenden Erfinder beschrieben. Doch der amerikanische, am 13. Juli 1949 geborene Forscher starb am 5. November 2016.

John Bedini[33] hat mehrere Motoren entwickelt, von denen ein einfacher Nordpol-Motor hier vorgestellt werden soll.

Wenn sich ein auf dem Rotor befindlicher Magnet der Spule nähert, sendet die Triggerspule eine Sinuskurve zur Basis des Transistors. Der positive Teil der Sinuskurve schaltet den Transistor ein, der dann seinerseits die Spule energetisiert und einen magnetischen Nordpol erzeugt. Dieser magnetische Nordpol stösst den Nordpol des Permanentmagneten ab.

Wenn sich der Permanentmagnet von der Elektromagnetspule entfernt, entsteht eine negative Sinusspannung, die den Transistor wieder ausschaltet. Der Transistor funktioniert entsprechend einem einfachen On/Off-Schalter. Die Diode entlädt den negativen Teil der Sinuskurve.

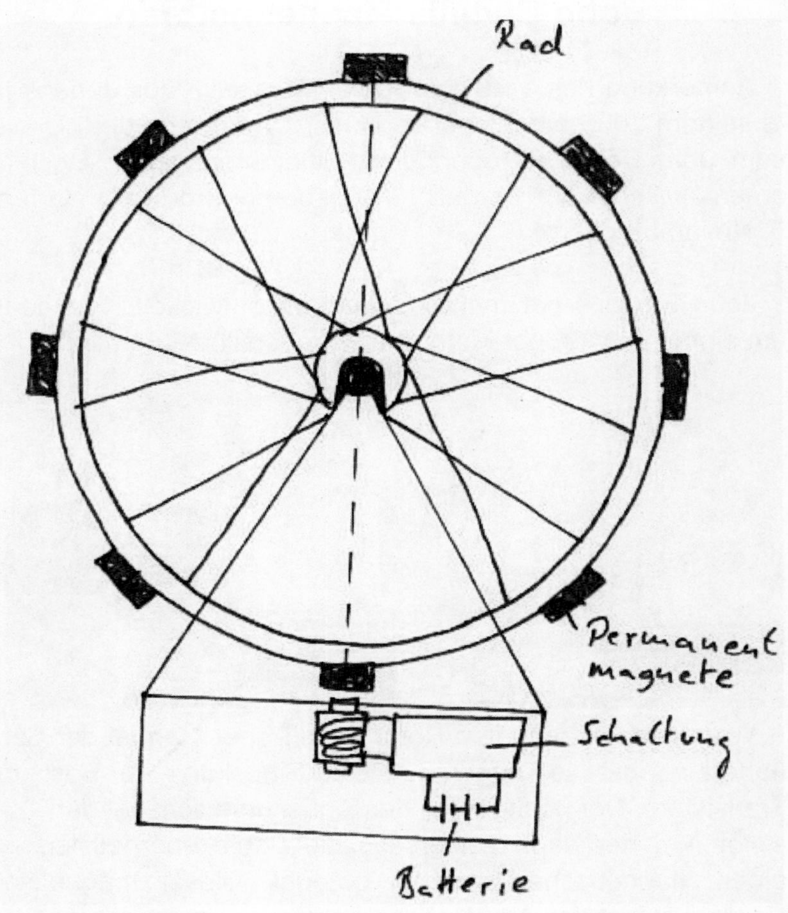

Der Aufbau des bekannten Bedinimotors ist denkbar einfach und kann von jedem geübten Heimwerker zu Hause nachgebaut werden.
Aus https://gehtanders.de/john-bedini-und-robert-adams/

Der Motor muss von Hand angeworfen werden. Wenn er einmal läuft, läuft er ohne Unterbrechung weiter. Im Unterschied zum Ein-Batterie-System kann über eine mechanische Transmission und einen mechanischen Kontakt eine zweite Batterie von den gleichgerichteten und über einen Kondensator geglätteten Arbeitsspitzen eine dritte Sekundärspule aufgeladen werden. Sobald die Antriebsbatterie entladen ist, werden die Batterien ausgetauscht.

Die im System entstehenden Rückinduktionen werden über einen Silizium-Brückengleichrichter auf einen Kondensator grösserer Kapazität gegeben. Dieser wird mit einer Frequenz von ca. 1 Hz auf einen Sekundärakkumulator gepulst. Mit diesem Patent sah John Bedini die einfachste Möglichkeit verwirklicht, seine Konzepte in ein funktionierendes Gerät umzusetzen. Auch er wurde von den Behörden und den Polizeiorganen in seiner Arbeit behindert.

Muammer Yildiz' Magnetmotor

Der türkische Erfinder Muammer Yildiz hat ein Gerät entwickelt, um dezentral freien elektrischen Strom zu erzeugen. Es handelt sich um ein Alternator-Feedback-Dynamo-System, das elektronisch geregelt wird. In den Unterlagen sind ein Starter-Dynamo, drei Feedback-Dynamos, zwei Alternator-Dynamos, Kommutatoren und elektrische Regler angegeben[34].

Er hat sein anfangs der Jahrtausendwende entwickelte Gerät zahlreichen Ingenieuren und Professoren vorgestellt, wobei sein autarkes Energiesystem in Betrieb war. Auch Dr. José Duarte von der TU Eindhofen war in die Türkei gereist, um im Auftrag eines grossen Unternehmens einen Dauertest durchzuführen. Mit dem Gerät wurde in einem Zeitraum von fünf Stunden eine Energie von 507 kJ = 507 kWs = 507/3600 kWh = 0,141 kWh generiert. Damit würde eine 50-W-Birne fast drei Stunden lang brennen.

Der Generator wurde zu Beginn des Versuchs für 8 Sekunden aus zwei äusseren Akkus gespeist.

Das Ursprungsmodell von Muammer Yildiz.

Berechnungen von Dr. Duarte ergaben, dass in dieser kurzen Zeit ein Strom von 507 kWs (12 V x 8 sec) = 5280 A hätte fliessen müssen, wenn die erzeugte Energie kurz vor Testbeginn aus diesen Akkus übergeleitet worden wäre. Die Ausgangsspannung von 12-V-Gleichspannung kann nach Belieben bis auf 5000 V erhöht werden.

Anmerkung der Verleger: Muammer Yildiz entwickelte sein Konzept weiter und konnte ihnen am 3. Juli 2008 in der Nähe von Nürnberg exklusiv einen reinen Magnetmotor vorstellen, der etwa 300 W autonom erzeugte. Weitere Modelle präsentierte er 2013 sogar an der Genfer Erfindermesse und bis 2019 an vielen Standorten.

Inge Schneider bei der Demo des Magnetmotors von Muammer Yildiz am 3. Juli 2008 in der Nähe von Nürnberg[36]. .

Die letzte Präsentation fand vom 5.-7. Juli 2019 in Belluno/Italien statt, wo er einen 7,5-kW-Magnetmotor vorzeigte[38]. Um den Beweis erbringen zu können, dass das Gerät 7,5 kW generiert resp. umwandelt, wurde ein Wasserboiler von 1'000 L mit 3 Ther-

Muammer Yildiz mit seinem 7,5-kW-Magnetmotor am 5. Juli 2019 in Belluno/Italien.

mometern aufgestellt, dessen Inhalt in der im voraus errechneten Zeit aufgeheizt werden sollte. Es waren Kameras an allen erdenklichen Stellen eingerichtet, Strahler für ausreichende Beleuchtung platziert sowie verschiedene elektronische Messeinrichtungen vorgesehen. Dazu kamen Zeitmesser im Blickfeld der Kameras, eine „Schaltzentrale" in Form eines Computers, dessen übergroßer Bildschirm in 9 Detailbilder geteilt war, unendlich viele sehr sauber verlegte Leitungen und Kabel für das gesamte Equipment und einiges mehr.

Doch der Livestream musste nach 6 Stunden und 41 Minuten unerwartet abgebrochen werden. Laut Informationen der Beteiligten von GAIA war in der Maschine ein mechanischer Defekt aufgetreten, der nicht auf die Schnelle repariert werden konnte. Immerhin kann man sagen, dass der Motor 6 Stunden und 41 Minuten gelaufen ist, bevor der Defekt auftrat.

Muammer Yildiz musste den Motor in die Türkei zurück schaffen. Offenbar war die Anstrengung zu gross gewesen, denn er musste sich dort auch noch mehreren Herzoperationen unterziehen, so dass er bis dato (2021) in seiner Arbeit behindert ist.

Takahashis Magnetmotoren

Die Firma von Yasunori Takahashi arbeitet an einer neuen Generation von Energietechnologien, die mit Hilfe von Permanentmagneten bisher unbekannte Effekte erzeugen[38].

Durch "Regauging"-Technologie wird der Effekt genutzt, den Einfluss von Permanentmagneten mit Hilfe von elektromagnetischen Sperrfeldern abschirmen zu lassen. Die für das Sperrfeld benötigte Energie ist geringer als der energetische Nutzen, den man durch die Abschirmung erzielen kann.

Diese Technologie ermöglicht den Bau hocheffizienter Motoren. Der erste ausgereifte Automotor entwickelt 40 PS und kann mehrere Betriebsstunden mit einer normalen Autobatterie betrieben werden. 1994 demonstrierte Yasunori Takahashi, Direktor für Forschung und Entwicklung bei Sciex (UK) Ltd, in London die erste Version eines Elektromotorrollers mit seinem

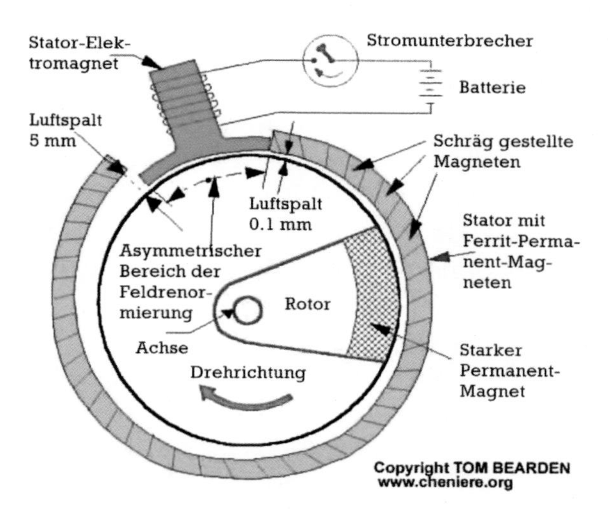

Takahashis Magnetmotor.

Selbstlaufender Scooter, den Yasunori Takahashi 1994 vorstellte[40].

selbstlaufenden Permanentmagnetmotor (SGM). In einem Artikel in der September-Ausgabe 1994 des Top Gear-Magazins der British Broadcasting Company wurde die beeindruckende Leistung des Rollers erwähnt. Es wurde auch einem leitenden Ingenieur im European Technical Center von Nissan demonstriert, der bemerkte: *„Wenn unsere eigenen Tests dies bestätigen, hat es enorme Auswirkungen auf alles, was einen Motor verwendet – es könnte die Welt revolutionieren."*

Nach eigenen Angaben verwendete Yasunori Takahashi magnetische Monopole, die es jedoch laut Schulphysik nicht gibt. Doch aus den Versuchen, sie zu erzeugen, entstanden neue interessante Anwendungen. In Rotation gebrachte potenzielle magnetische Monopole können in verschiedenen Geometrien zu einer lokalen Krümmung der Raumzeit führen. Es kann lokal Energie aus dem Quantenvakuum ausgekoppelt werden.

Die Krümmung der Raumzeit wird immer von den gleichen Effekten begleitet, dem Aufbau von Magnetfeld-Wällen in konzentrischer Anordnung und einer Ionisierung der Luft im unmittelbaren Umfeld. Solche Motoren können extrem leistungsstark sein und durch entsprechende Strahlungsenergie-Konverter angetrieben werden. Darüber hinaus lassen sich diese Magnetmotoren mit Stromgeneratoren koppeln, was zu einer neuen Generation von Energietechnologien führt, die bisher unbekannte Effekte von Permanentmagneten nutzen, um dezentral Energie zu erzeugen.

Elektrostatische Energie-umwandler

Paul Baumanns Thesta-Distatica-Stromerzeuger

Der Schweizer Tüftler Paul Baumann, Mitbegründer der religiösen Arbeits- und Wohngemeinschaft "Methernitha" in Linden im Emmental, entwickelte Anfang der 1980er Jahre das Gerät "Thesta-Distatica", kurz "Testatika". Es handelt sich um eine Weiterentwicklung der Influenzmaschine, mit der mehrere Häuser der Gemeinschaft mit Energie versorgt werden könnten. Doch "aus energiepolitischen Gründen" verzichtete die Gemeinschaft darauf.

Der Stromerzeuger ist in seinem Aufbau relativ einfach und besteht im Wesentlichen aus zwei gegenläufigen Scheiben aus Plexiglas sowie einigen elektrischen Schaltkreisen und ist somit ein Freie-Energie-Konverter[41]. Die Konstruktion selbst wurde in mehreren Entwicklungsschritten und Versuchsgeräten gebaut. Noch immer gilt die Testatika als ein physikalisches Rätsel. Alle Nachbauversuche verliefen erfolglos, weil niemand sich die genaue Funktionsweise vorstellen konnte.

Angeworfen wir die Testatika per Hand. Danach läuft sie ununterbrochen weiter, bis irgendein Teil (zum Beispiel ein Lager) dem Verschleiss unterworfen ist und ausgetauscht werden muss. Zum Antrieb dieser Maschine wird die elektromagnetische Strahlung aus dem Universum genutzt, die Tag und Nacht, bei gutem und schlechtem Wetter, durch alle Materie

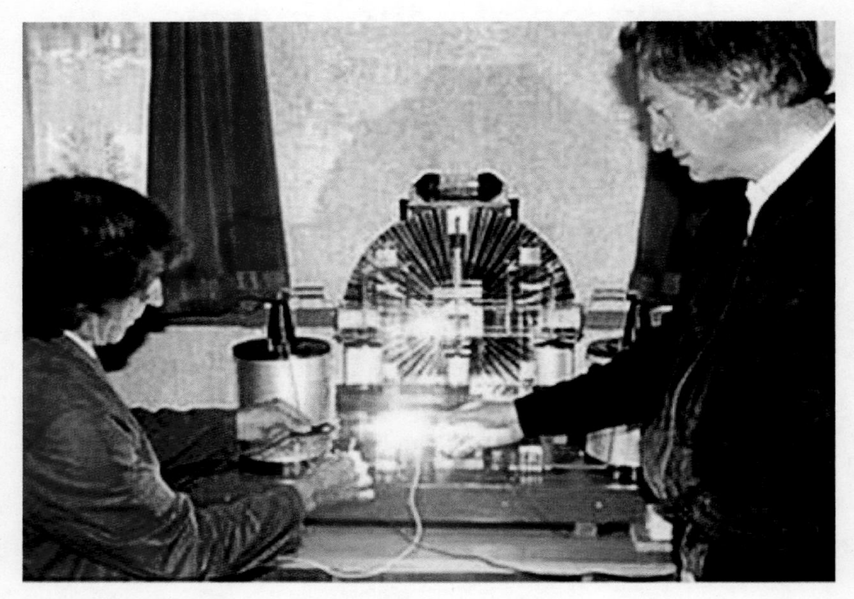

Paul Baumann, links, mit der Testatika.

hindurch in unterschiedlichen Wellen auf uns wirkt. Diese Strahlung ist bei allen Sonnen (Sternen) im gesamten Weltall feststellbar, wurde von der NASA bestätigt und ist in so unerschöpflicher Menge vorhanden, dass damit die Erde mit Hilfe von Umwandlern ständig und sauber mit Energie versorgt werden könnte.

Die Funktion der Testatika wurde von der Methernitha geheim gehalten, weil man dort befürchtete, dass sie für militärische Zwecke genutzt werden könnte.

Viele Wissenschaftler konnten sich in den letzten dreissig Jahren von der Funktion dieser Geräte überzeugen, aber keine wurden in die Details eingeweiht[42].

Erstmals wurde die Testatika in der Schrift "Äther-Energie - die neue unerschöpfliche Energiequelle" von Willy Kaspar und Elisabeth Karlen erwähnt[43] (Selbstverlag 1988, noch erhältlich im Jupiter-Verlag). Die Schrift enthält einen Bericht über den Besuch bei der Methernitha und die Demonstration der Testatika von Inge Schneider (Jupiter-Verlag) und Dr. Hans Weber am 13. März 1984. Später veröffentlichte Inge Schneider in der Broschüre "Neue Technologien der Freien Energie" (1988, Neubearbeitung 1995) ein ausführliches Kapitel über die Demonstration der Testatika, ergänzt durch einen Erfahrungsbericht und theoretische Erklärungen von Dr. Hans Weber[44].

Zwanzig Jahre später, am 13. März 2004, organisierte der Jupiter-Verlag im Technopark Zürich eine Tagung zum Thema "Das Geheimnis der Testatika", an welcher nicht nur Dr. Hans Weber, sondern auch andere internationale Forscher und Nahbauer ihre Resultate vorstellten. Darüber wurde im "NET-Journal" von Mai/Juni 2004 ein Bericht publiziert[45] (Anm. der Herausgeber).

Nachtrag des Herausgebers: Paul Baumann starb am 19. August 2011 im Alter von 93 Jahren[46]. Die Testatika-Entwicklung wurde eingestellt.

William W. Hydes Generator

Im Jahr 1988 meldete der Erfinder William Hyde[47] einen anderen Konverter zum Patent an, der drei parallele Stromkreise aufweist und damit ein wenig dem Schweizer Methernitha-Gerät ähnelt. Extern aufgeladene Elektroden eines elektrostatischen Generators induzieren Ladungen gegensätzlicher Polarität auf Teile zweier sich gegenüberstehender Statoren

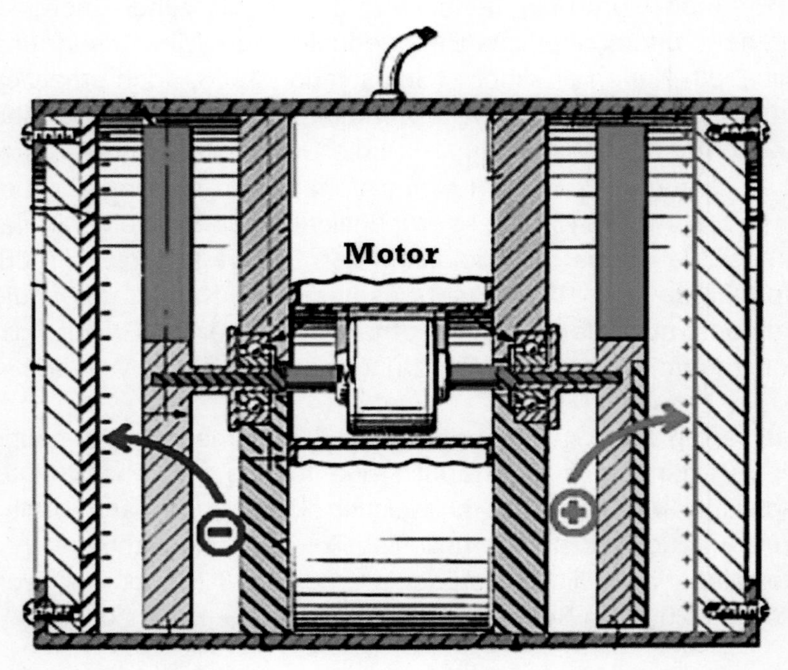

durch elektrische Felder, in denen sich zwei Rotoren befinden und während der Rotation die zur Aufladung benötigte kapazitive Kopplung (über das elektrische Feld) zwischen den sich gegenüberstehenden Rotoren und Statoren durch Abschirmungsaktionen der Rotoren verändern, und zwar auf einer Ebene senkrecht zum Feldfluss. Als Resultat derartiger Rotation durch die Rotoren wird ein hoher elektrischer Potenzialunterschied zwischen den Statoren erzeugt.

In einem speziell gestalteten Ausgangskreis kann über Koppel-Kondensatoren und Dioden die Ausgangsspannung auf die gewünschte Höhe reduziert und gleichgerichtet werden[48]. Beim Betrieb dieses Geräts entstehen interne Spannungen von etwa 300'000 Volt.

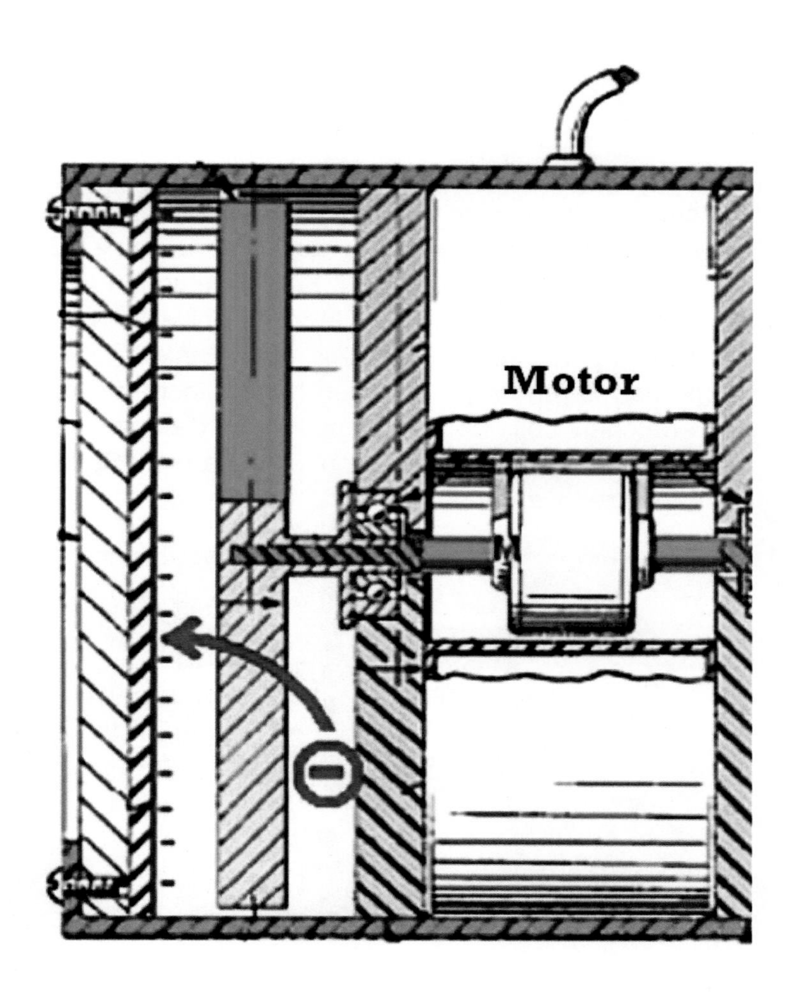

Auch dieses Gerät bedarf noch der Weiterentwicklung. Es ist aber ein weiterer Hinweis darauf, dass es viele Möglichkeiten gibt, den kosmischen Äther zur Gewinnung elektrischer Energie heranzuziehen[49].

Thomas Beardens Motionless Electromagnetic Generator M.E.G. (Energieverstärker)

Dem amerikanischen Erfinder Thomas Bearden[50,51] ist es mit Hilfe mehrerer Erfinder wie Stephan I. Patrik, James C. Hayes, Kenneth D. Moore und James I. Kenny gelungen, nach vielen Vorversuchen ein Solid-State-Gerät zu entwickeln, das durch einen geringen Energie-Input aus einer Batterie oder dergleichen nach deren Angaben einen hundertfachen Energie-Output erreichen soll. Es befinden sich in diesem Gerät keine beweglichen Teile, so dass von einer langen Betriebsdauer ausgegangen werden kann.

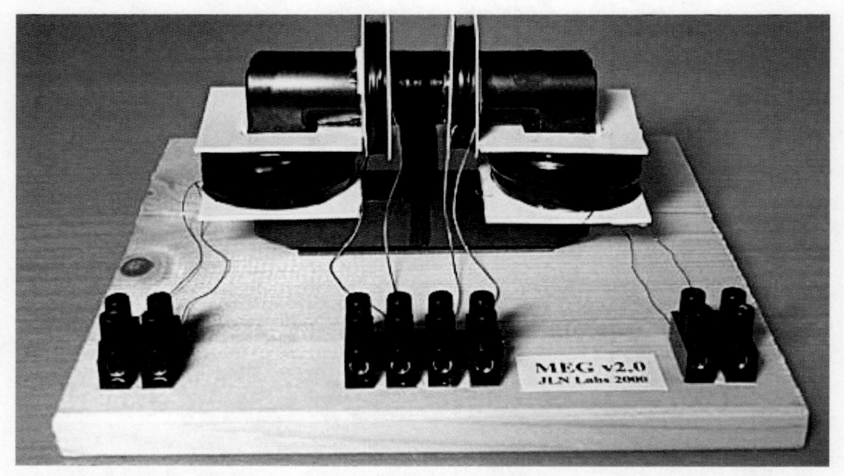

Der Motionless Electromagnetic Generator M.E.G. von Thomas Bearden, Nachbau von Jean-Louis Naudin[52].

Das Geheimnis der Nutzung Freier Energie basiert darauf, dass man zwei verschiedene, technisch voneinander zu trennende Schaltkreise aufbaut. Im ersten Schaltkreis befindet sich eine tatsächliche Stromquelle, zum Beispiel eine Batterie, die

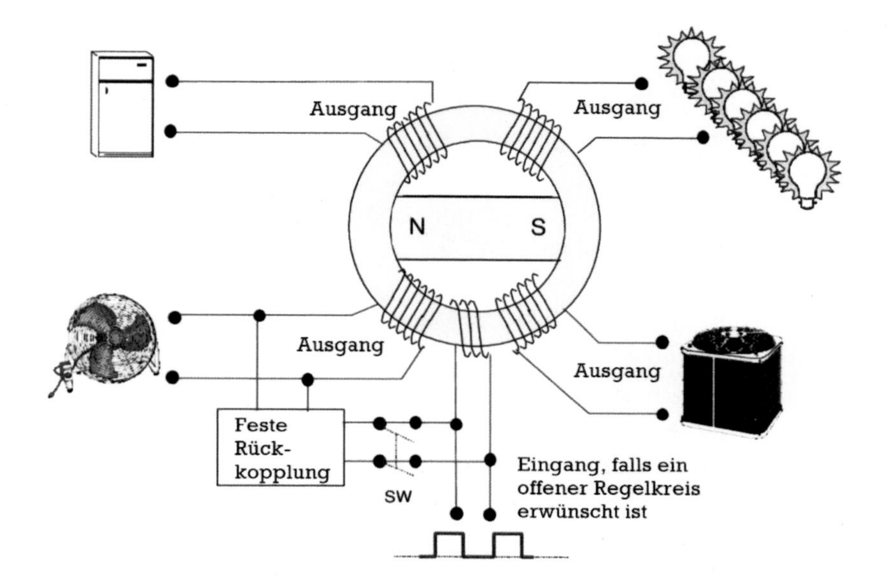

einen sogenannten Kollektor speist. Dieser Kollektor ist technisch ein Schaltkreiselement, welches eine benutzbare, endliche Entspannungszeit hat. Während dieser Entspannungsphase werden die eingefangenen Elektronen "potenzialisiert", ohne aber als Ladung bewegt zu werden. Dies kann technisch gesehen zum Beispiel mit zwei ineinander verkeilten Spulen geschehen.

Jedes Elektron des Kollektors erhält einen kleinen Gradienten zugeteilt, aber es fliesst kein Strom. Mit anderen Worten: Während dieser Erholungsphase (Sammlungs-/Kollektionsphase) extrahiert man das Potenzial aus der Quelle, aber keinen Strom. Man extrahiert Energie (Potenzial), aber keine Kraft/Arbeit (welches Volt x Ampere wäre).

Der Kollektor wird langsam aufgeladen, ohne dass sich tatsächlich ein Stromfluss im ersten linken Schaltkreis feststellen lässt. Sobald der Kollektor voll aufgeladen ist, werden technisch die Schalter K1 und K2 (zum Beispiel über Transistoren) umgelegt, und der im Kollektor gesammelte Strom entlädt sich in den Arbeitsschaltkreis auf der rechten Seite, bis der Kollektor komplett entladen ist.

Die Entladung des Kollektors wiederum führt dazu, dass die beiden Schalter K1 und K2 sich wieder technisch umstellen und das Spiel von vorne beginnt. Der Effekt dieser Schaltung wäre, dass niemals ein Stromfluss im linken Schaltkreis mit der Batterie feststellbar wäre, wohl aber im rechten Schaltkreis ohne Batterie. Die Batterie würde dadurch nicht angegriffen und somit auch nicht entladen.

Die Theorie ist soweit recht verständlich und nachvollziehbar. Was aber hat es mit dieser merkwürdigen Potenzialisierung auf sich? Wie kann zum Beispiel durch zwei Spulen technisch die Spannung des elektromagnetischen Feldes auf die Elektronen der jeweils anderen Spule übertragen werden?

Wenn an eine Spule eine Spannung angelegt wird, hat dies einen Stromfluss zur Folge, der wiederum ein elektromagnetisches Feld aufbaut. Ein Aspekt des elektromagnetischen Feldes stellt eine Art Informationsträger dar, welches die benachbarte Spule entsprechend "informiert". Diese Information soll nach Tom Bearden ausreichend sein, um in einem getrennten Schaltkreis einen kompletten Stromfluss in Gang zu bringen. Im Grunde werden also hier nur elektromagnetische Informationen (elektromagnetische Potenzialfelder) ausgetauscht, mehr nicht, kein real fliessender Elektronenstrom.

Das erinnert fast an Hochpotenz-Homöopathie, bei der ab einer Verschüttelung von $1:10^{23}$ (Loschmidt'sche Zahl) auch kein Molekül der Ausgangssubstanz mehr in der Verdünnung nachweisbar ist, und trotzdem wirken Potenzen über der D23 noch ganz vorzüglich. Warum also nicht auch der Strom?

Hier hat sich gezeigt, wie es auch Prof. Josef Grubers Motto "Das Geheimnis des Erfolgs liegt in der Zusammenareit" vorschlägt, dass durch die Zusammenarbeit einer Anzahl Fachleute ein Durchbruch zu erzielen ist. Ein einzelner Erfinder kommt meistens nicht auf eine endgültige Idee, während sich eine Gruppe durch unterschiedliche Einfälle auf die richtige Lösung zuarbeitet.

Elektrodynamische Energieumwandler und Oszillatoren

Nikola Teslas Raumenergie-Auto

Dieses Thema wurde bereits erwähnt, und ihm ist der zweite Teil dieses Buches gewidmet. Deshalb hier nur kurz[50]:

1897 kam Nikola Tesla auf die Idee, eine bisher unbekannte Art elektromagnetischer Strahlung aus dem Universum - er nannte sie "radiations" - aufzufangen und über Konverter in elektrischen Strom umzuwandeln. Darauf wurden ihm 1901 zwei amerikanische Patente mit den Nummern 8,685,957 und 8,685,958 sowie die deutschen Patente 139 464, 139 465 und 139 466 erteilt.

Die amerikanische Grossindustrie sah sich jedoch veranlasst, Druck auf ihn auszuüben, damit er seine Entdeckung vorerst ruhen lassen solle, damit sie uneingeschränkt weiterhin elektrischen Strom verkaufen konnte.

Tesla hat dann tatsächlich erst im Jahr 1929 in einem geheimen Labor in Kanada einen kleinen Konverter entwickelt, mit dem er ein Auto antreiben wollte[A5]. Der Umbau dieses Autos, eines Pierce-Arrow, fand 1930 in einer abgeschlossenen kleinen Halle am Stadtrand von Buffalo, N. Y., statt. Anstelle des Benzinmotors war auf einer Traverse vor dem Kupplungsgehäuse ein 80-PS-Elektromotor, wahrscheinlich eine Sonderanfertigung von Westinghouse, montiert, dazu eine 1,80 m hohe Antenne, ein Schleifschuh unter dem Wagen, ein Geschwindigkeitsregler, verschiedene Kabel usw.

Nikola Teslas Pierce Arrow 8.

Der von Tesla entwickelte Konverter wurde auf der Beifahrerseite vor dem Armaturenbrett angebracht. Wie bereits erwähnt, lud er am 26. November 1930 Heinrich Jebens, den Direktor des Deutschen Erfinderhauses, zu einer Probefahrt ein, obwohl Tesla damals noch nicht vollkommen mit seiner Entwicklung zufrieden war und weiter daran arbeitete. Die beiden Herren fuhren mit dem ungerüsteten "Pierce Arrow" von Buffalo, N.Y., bis zu den Niagarafällen, um dort das erste Kraftwerk der Welt für Wechselstrom zu besichtigen. Mit demselben Wagen kehrten sie nach Buffalo zurück und hatten dann eine Strecke von ca. 40 km zurückgelegt.

Im Juni 1931 wurde das Auto fertiggestellt. Tesla unternahm eine 14-tägige Fahrt durch den Staat New York, bis eine Zeitung über seine unglaubliche Antriebsart zu berichten begann. Weil er aber seine Entdeckung geheim halten wollte, beschloss er, nach Buffalo zurück zu fahren und den neuen Antrieb wieder zu zerlegen. Er war der Meinung, die Zeit sei noch nicht reif für diese neue Technologie.

Von Ölknappheit sprach damals noch kein Mensch, und das Benzin kostete in den USA umgerechnet kaum 10 Pfennig pro Liter. Autos waren zu der Zeit noch relativ selten auf den Strassen.

Bei seinem plötzlichen Tod 1943 nahm Tesla das Geheimnis seines Strahlungs-Energie-Konverters mit ins Grab. Einem Zeitgenossen gegenüber äusserte er allerdings bereits 1930: *"Es ist gar nicht so schwierig, einen solchen Konverter zu konstruieren, man muss nur wissen, wie!"*

Dr. T. Henry Morays Energiemaschine

Dr. T. Henry Moray[54] aus Salt Lake City war schon um 1900 als Schuljunge von der Elektrotechnik begeistert. So begann er bereits in jungen Jahren mit der Herstellung von Versuchsanlagen, ohne jemals das Interesse daran zu verlieren. Er wurde Elektroingenieur und entwickelte 1930 ein Strahlungsenergie-Gerät, das tagelang ohne Unterbrechung nutzbaren Strom produzierte, was von angesehenen Fachleuten bezeugt wurde. Es war ein Solid-State-Gerät mit einem Gewicht von etwa 12 kg, das ohne bewegliche Teile im Inneren arbeitete und diverse Glühlampen, ein Bügeleisen und einen kleinen Motor mit Energie versorgte.

1930 stellte Moray ein verbessertes Gerät vor. Dieses hatte eine Leistung von 50 kW elektrischer Energie, was wiederum von hervorragenden Wissenschaftlern bezeugt wurde. Es war ihm technisch gelungen, die wellenförmigen elektromagneti-

schen Strahlungen aus dem Universum in nutzbare Energie umzuwandeln. Das ist die Aufgabe, der wir uns heute auch wieder stellen müssen, um einen brauchbaren Ersatz für die Energie fossilen Ursprungs zu erhalten.

Nach der Bestätigung durch verlässliche Zeugen arbeitete Morays Gerät tagelang ununterbrochen und ohne Leistungsminderung. Moray setzte dabei selbst entwickelte Transistoren ein und fand heraus, dass die dazwischen liegenden Substanzen, Halbleiter genannt, insofern vorteilhaft waren, als sie kontrollierte Spannungsänderungen innerhalb der elektrischen Schaltkreise ermöglichten.

Wegen dieser neuen erfolgreichen Technologie geriet Thomas Henry Moray immer mehr in das Kreuzfeuer potenzieller Gegner. Mehrfach wurde in sein Haus und in seine Werkstatt eingebrochen, wenn niemand im Hause war. Es gab auch zahl-

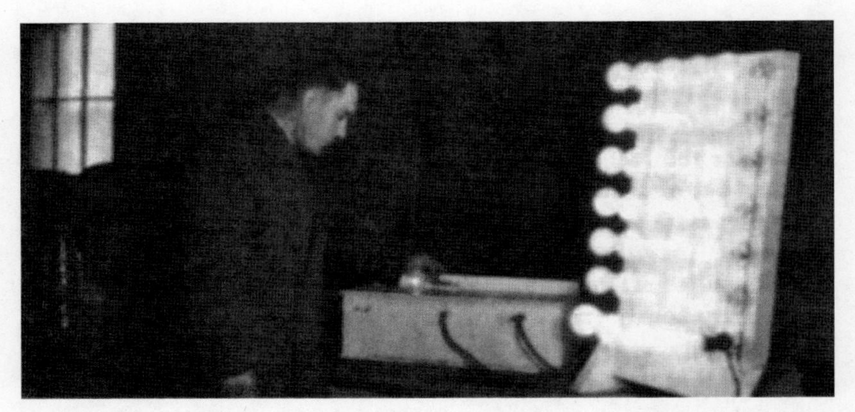

reiche anonyme Anrufe. Weil er sich bedroht fühlte, schaffte Moray sich schliesslich ein kugelsicheres Auto an. Tatsächlich wurde wenig später auf seine Frau, als diese im Wagen sass, geschossen. Zu einem anderen Zeitpunkt wurde auch auf Moray selbst geschossen, als er sich in seiner Werkstatt aufhielt. Eine Kugel verletzte ihn am Bein.

Als er auf dem Weg zu seinem bedeutendsten Erfolg war, zerschlug einer seiner möglicherweise durch die Stromindustrie bestochenen Mitarbeiter mit einer Axt die gesamte Energiemaschine. Sein Patentanwalt in Washington riet Moray, von der Weiterentwicklung und Vorführung Abstand zu nehmen.

Morays Söhne sagten aus, dass sie alle seine Laborunterlagen geerbt hätten, um eines Tages sein Werk fortzuführen. Das Elternhaus der Moray-Söhne wurde Mitte der 1990er Jahre verkauft. Ein Teil der im Keller gelagerten Gerätschaften wurde von dem Forscher Moray B. King übernommen[55].

Moray entwickelte auch eine von ihm abhängige Maschine, die nur in seiner Anwesenheit funktionierte.

Hans Colers Magnetstromapparat

1927 entwickelte der Kapitän zur See Hans Coler einen ersten Magnetstromapparat[56]. Coler konnte im Laufe einiger Jahre mit einem anderen Gerätekonzept ("Stromerzeuger") die Leistung auf zunächst 600 W steigern und erreichte 1945 bereits 7 kW.

Colers Magnetstromapparat besteht aus 6 Magneten, die in einer hexagonalen Form angeordnet sind. Um die Magnete herum sind Spulen in unterschiedlicher Richtung gewickelt, und der Magnet selbst ist so in den Stromkreis integriert, dass er stromdurchflossen ist. Alle Magnet-Spulen-Kombinationen sind über zwei Kondensatoren, eine Koppelspule und einen

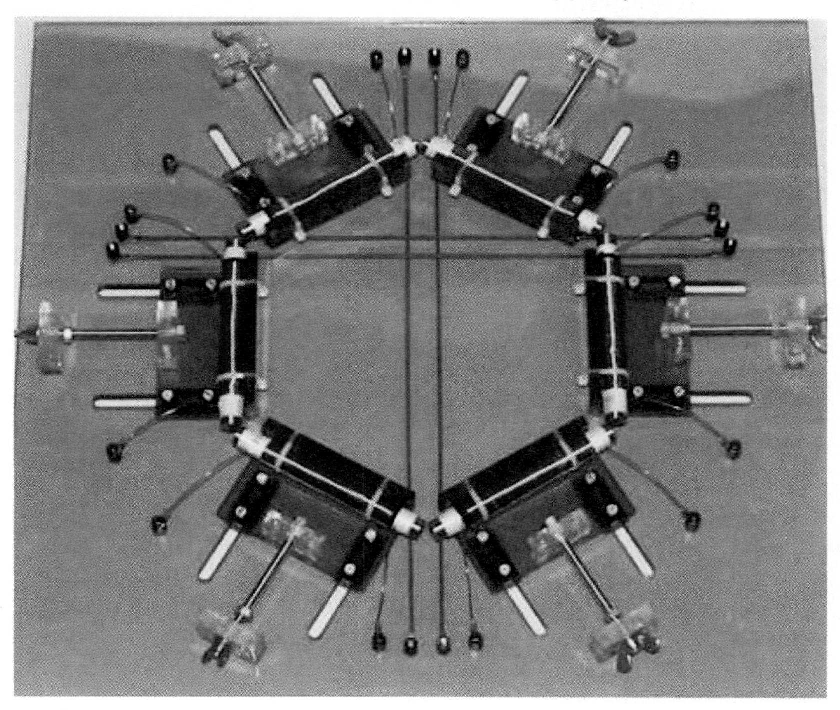

Schalter zur Abstimmung miteinander verbunden. Nach einer sehr aufwändigen und genauen Einstellung der Magnete soll das Gerät bis maximal 12 Volt über einen Zeitraum von mehreren Monaten erzeugt haben.

Von den Magneten ist nur bekannt, dass sie 100 mm lang waren. Da sie von Strom durchflossen wurden, schieden keramische Materialien aus. Über die Dimensionierung der Koppelspulen liegen keine Angaben vor. Es wurde versucht, beide gleich in ihrer Induktivität zu halten. Sie sollten so weit wie möglich aneinander angenähdert werden, um den maximal möglichen Koppelfaktor zu erreichen. Die beiden Kondensatoren wurden so gewählt, dass sie in der Schaltung einen Resonanzpunkt bei ca. 180 kHz erzeugten.

Mehrere Universitätsprofessoren untersuchten in den Jahren 1927-1937 die Geräte von Coler und gelangten insgesamt zu der Überzeugung, dass Colers Erfindungen kein Schwindel waren, sondern die elektromagnetische Strahlung in einer bestimmten Weise umformten, um daraus über einen längeren Zeitraum elektrische Energie zu erhalten, die vom Verbraucher praktisch kostenfrei genutzt werden konnte.

Anfang 1945 wurde Colers Stromerzeuger[57] durch einen Bombenangriff vernichtet. Kurz darauf kam das Kriegsende. Ein Jahr danach wurde Coler vom British Intelligence Objectives Sub-Committee in London aufgefordert, bei Zurverfügungstellung des nötigen Materials einen neuen Magnetstromapparat zu bauen. Nach Fertigstellung des Apparats wurde dieser in England umfassend geprüft, ohne dass die Engländer herausfanden, wie er funktionierte.

Nach Abschluss der Untersuchungen wurde 18 Jahre später der bis dahin geheim gehaltene Bericht[58] freigegeben (und zum Beispiel im Jupiter-Verlag als Nachbaubroschüre herausgegeben, siehe www.jupiter-verlag.ch). Der Erfinder Hans Coler war in der Zwischenzeit verstorben. Zahlreiche Nachbauten haben nie richtig funktioniert.

Uwe Jarcks Kelchgenerator/ Ätherenergie-Kraftwerk

Der deutsche und später nach Frankreich ausgewanderte Erfinder Uwe Jarck war durch einen oder mehrere Träume im Jahr 1993 auf die Idee eines gänzlich neuartigen Konverters gekommen. Nach mehreren Versuchen gelang es ihm tatsächlich, einen Konverter zu bauen, der Strom erzeugte. Vermutlich hatte auch seine spirituell veranlagte Ehefrau dazu beigetragen.

Jarcks Apparat bestand aus folgenden Einzelteilen:

1. einer kelchförmigen Spule, bestehend aus mehreren Windungen dünneren und stärkeren Kupferdrahts;
2. einer dünnen Spule zur Abschirmung der oberen Spulen;
3. einem grossen, an der Südseite zugespitzten Permanentmagneten;
4. drei kleinen Energie-Modulations-Spulen;
5. zwei grossen Energie-Modulations-Spulen;
6. einem antimagnetischen Gehäuse aus Holz oder Kunststoff;
7. einem Steuergerät mit Startbatterie.

Dieser Kelchgenerator ohne bewegliche Teile sollte aus dem Äthermedium elektrische Energie hervorbringen[59]. Die Herstellung der dafür erforderlichen kelchförmigen Spule ist äusserst

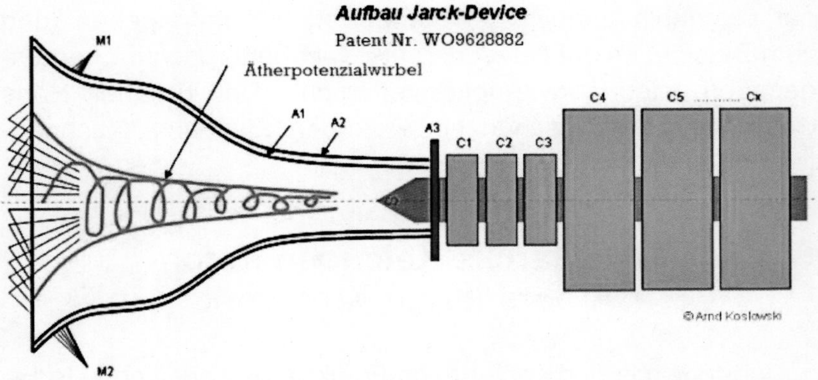

Aufbau Jarck-Device
Patent Nr. WO9628882
Ätherpotenzialwirbel

Bestandteile: A1-2 = Kelchspulen, A3 = Flachspule, C1-3 = Erregerspulen, C4-Cx = Auskoppelspulen, M1-2 = Minusanschlüsse der späteren Verbraucher. In der Mitte rechts zu sehen der Permanentmagnet mit Südpol Richtung Trichter. Lila dargestellt, der Ätherwirbel, der im Trichter komprimiert wird.
Copyright: Arnd Koslowski

kompliziert. Gemäss den in seiner PCT-Anmeldung WO 96/28882 gemachten Angaben verlangsamte der Kelchgenerator zunächst in fünf Schritten das Äthermedium auf 1 Billion Hertz und dann in weiteren 5 Schritten auf 2 Million Hertz.

Eine Billion Hertz entspricht 10^{12} Hz = 1 Terahertz = 1000 GHz, was im Sinne von transversal elektromagnetischen Wellen technisch nur sehr aufwändig zu realisieren ist.

Gleichzeitig erfolgte die Verdichtung des Äthermediums um den Faktor 20 Millionen, so dass Freie Energie entstand. Inmitten dieses Geschehens fliessen freie Elektronen und Tachyonen in grossen Mengen, deren Energie durch Induktion zu elektrischer Energie wird.

Die Freie Energie bewirkt in den Produktionsspulen eine pulsierende, elektrische Gleichspannung mit einer Frequenz von 44 Millionen Hertz (= 44 MHz) bis hinab zu 26 Millionen Hertz (= 26 MHz) (ca. 10% der Gesamtleistung), hauptsächlich jedoch 1 Million Hertz. Die leistungsgebundene Übertragung von Strom mit Frequenzen höher als 0,5 MHz (= 1/2 Million Hz) ist technisch sehr schwierig.

Der daraus resultierende, völlig neue elektrische Strom hat eine sehr hohe Energiedichte und fliesst im Leiter praktisch ohne Widerstand. Daraus folgt, dass 1 Ampère dieses neuen Stroms (bei 1 Million Hertz) die elektrische Energie von 25 A des herkömmlichen Stroms hat. Strom mit einer Frequenz von 44 Millionen Hertz hat eine 88mal grössere Energiedichte als herkömmlicher elektrischer Strom. Batterien und Akkumulatoren können, werden sie mit diesem neuen elektrischen Strom geladen, 25mal mehr Ampèrestunden aufnehmen und wieder abgeben als bisher, und das in viel kürzerer Zeit.

Diese neue elektrische Energie, die ohne Nebenwirkung gewonnen wird, kann kostenlos an jedem beliebigen Ort zu Lande, auf dem Wasser, in der Luft und im Weltraum in unbegrenzten Mengen zur Verfügung stehen.

Anmerkung des Verlegers: Uwe Jarck lud uns in den 1990er Jahren in sein Schloss nach Frankreich ein. Vorgängig schickte er uns einen Katalog der Kunstwerke, die er dort gesammelt hatte und die er verkaufen wollte, um mit den Einnahmen den Kelchgenerator zu produzieren. Er hoffte, über uns Kunstliebhaber zu finden, die seine Kunstwerke kaufen würden. Dazu kam es nicht mehr. Der Kontakt verlief im Sand, und es ist anzunehmen, dass Uwe Jarck inzwischen das Zeitliche gesegnet hat.

Klaus Jebens' (und Team) Strahlungsenergie-Konverter/Magnetrotationsmotor

Das Kapitel über Elektrodynamische Energieumwandler und Oszillatoren im Buch "Urkraft aus dem Universum" von Klaus Jebens enthält auch noch Unterkapitel über nicht mehr aktuelle Projekte wie Oliver Cranes RQM-Maschine, Daniel Dingels Wasserauto, Carl B. Tilleys neues Elektroauto und Paolo und Alexandra Correas Kaltkathoden-Vauumentladungsplasma-Reaktoren, die hier nicht wiedergegeben werden. Das Kapitel wäre jedoch nicht vollständig, wenn nicht auch die Gesellschaft zur Förderung Freier Energie e.V. von Klaus Jebens zur Realisierung des Strahlungsenergie-Konverters/Magnetrotationsmotors erwähnt würde, auch wenn es diese Gesellschaft[60] nicht mehr gibt (siehe hiezu auch Seiten 36ff). Aus Gründen der Würdigung der Aktivitäten des inzwischen verstorbenen Forschers Klaus Jebens sei dieses Unterkapitel im folgenden angefügt:

Aufgrund des vertraulichen Dokuments von Klaus Jebens' Vater vom 9.12.1930, das im Jahr 2001 wiedergefunden wurde, ist die Gesellschaft zur Förderung Freier Energie e.V. entstanden, die es sich vornehmlich zur Aufgabe gemacht hat, die damalige Arbeit von Nikola Tesla, den Strahlungsenergie-Konverter, nachzuentwickeln. Näheres entnimmt man der Patentanmeldung

https:// patents.google.com/patent/WO2005055409A2/de

Das Patent wurde allerdings nicht erteilt.

Diese Arbeit wurde an die Hand genommen, obwohl schriftliche Dokumente aus Teslas Zeit nicht vorliegen. Deshalb musste zunächst mit Diplomphysikern und Hochfrequenztechnikern Grundlagenforschung betrieben werden, weil sich bis heute keine deutsche Universität mit diesem Thema beschäftigt.

Team von Klaus Jebens der Gesellschaft zur Förderung Freier Energie e.V.

Dabei wurden zahlreiche Möglichkeiten am Computer und mit Einzelaufbauten getestet, um diejenigen herauszufinden, mit deren Hilfe eine Umwandlung der elektromagnetischen Strahlung aus dem Universum in elektrische Energie machbar erschien. Im Buch "Urkraft aus dem Universum" von 2006 steht, dass an einem rotierenden Magnet-Umwandler gearbeitet wurde, bei dem jede Art von Wirbelströmen vermieden werden musste und der mit einer ganz bestimmten Art und Anzahl von Magneten arbeitet, um so unter Anwendung völlig neuartiger Generatoren ein höheres Drehmoment zu erreichen. Es heisst dort aber auch: *"Dies ist bisher nicht gelungen. Doch im Verlauf dieser Entwicklung ist man auf ein ganz anderes Verfahren gestossen, bei dem auf Statoren völlig verzichtet wird und man zu einem absolut geräuschfreien Betrieb gelangt. Prototypen sind bereits in der Herstellungsphase. Dieses Gerät wird aus antistatischem Material hergestellt und vermeidet so das Auftreten irgendwelcher Wirbelströme, die den Lauf der Motors nachteilig beeinflussen würden."*

Im Vorwort zur zweiten Auflage des Buches, das 2013 erschienen ist, steht dazu: *"Seit der Erstauflage sind sieben Jahre vergangen. Einige der beschriebenen Projekte wurden weiter entwickelt. Doch viele kamen aus Geldmangel nicht weiter".*

Klaus Jebens starb 2014, seine Gesellschaft zur Förderung Freier Energie existiert nicht mehr. Doch sein Patent 'Strahlungsenergiekonverter WO 2005055409 A2' lädt zum Nachbauen ein.

Die nachfolgenden Quellen finden sich auch elektronisch unter www.borderlands.de/Links/Urkraft-Lit.-Teil1.pdf

Wie bereits erwähnt, hat Adolf Schneider im Jahr 2020 im Auftrag der Deutschen Vereinigung für Raumenergie DVR den Forschungsbericht Nr. 4 zum Thema "Nikola Teslas legendärer Pierce Arrow 8 mit Raumenergie-Antrieb" als A4-Broschüre geschrieben. In Vereinbarung mit der DVR ist es ihm und dem Jupiter-Verlag hiermit gestattet, im Folgenden den Inhalt in Form eines A5-Buches zu publizieren und damit einem weiteren Leserkreis nahezubringen.

Literaturverzeichnis zu Teil 1

1 Jebens, Klaus: Die Urkraft aus dem Universum, Jupiter-Verlag 2006, 1. Aufl, 2013 2. Aufl., 2014, 3. Aufl.
2 Schneider, Adolf: Nikola Teslas legendärer Pierce Arrow 8 mit Raumenergie-Antrieb, Deutsche Vereinigung für Raumenergie (DVR) 2017, 1. Aufl., 2018, 2. Aufl., 2020, 3. Aufl.
3 https://www.geo.de/magazine/geo-kompakt/6553-rtkl-erfinder-nikola-tesla-das-betrogene-genie
4 https://de.wikipedia.org/wiki/SMS_Seydlitz
5 www.borderlands.de/Links/ForensischeAnalyseJebenstext.pdf
6 https://link.springer.com/article/10.1007%2Fs00048-003-0168-5
7 https://www.freeenergyplanet.biz/non-conventional-energy/info-rdk.html
8 https://de.hrvwiki.net/wiki/Johann_Bessler
9 https://de.wikipedia.org/wiki/Carl_Schappeller
10 https://www.austrianfilms.com/news/bodyim_mikrokosmos_den_makrokosmos_freilegenbody
11 https://www.youtube.com/watch?v=eaYfl1KdsEM
12 https://www.youtube.com/watch?v=KAUL9SXGvtQ
13 http://www.rexresearch.com/ecklin/ecklin.htm
14 https://patents.justia.com/patent/5650681
15 https://worldwide.espacenet.com/publicationDetails/originalDocument?CC=DE&NR=2556799A1&KC=A1&FT=D&ND=3&date=19770630&DB=&locale=de_EP
16 https://www.youtube.com/watch?v=liS9aoHYYKQ
17 https://www.freeenergyplanet.biz/non-conventional-energy/kinnison-patent.html
18 https://www.youtube.com/watch?v=tp7xVOrr2hl
19 https://fuel-efficient-vehicles.org/energy-news/?page_id=1064
20 http://www.borderlands.de/energy.searl.php3?Section=gravityhttps://segmagnetics.com/professor-john-searl/
21 www.borderlands.de/Links/SEG-Generator.pdf
22 www.borderlands.de/Links/Searl-Effect-Generator-SEG.pdf
23 http://www.borderlands.de/energy.n-machine.php3
24 http://www.borderlands.de/net_pdf/NET1110S14-16.pdf S. 15f
25 https://www.youtube.com/watch?v=k3iG2E2vqG0
26 http://www.borderlands.de/net_pdf/NET0904S31-33.pdf S. 32f

27 http://www.borderlands.de/Links/Rotoverter-youtube-Filme.pdf
28 http://www.borderlands.de/Links/Rotoverter2.pdf
29 http://www.borderlands.de/net_pdf/NET1000S9-22.pdf S. 15ff
30 http://www.rexresearch.com/evgray/1gray.htm
31 http://www.borderlands.de/net_pdf/NET0507S10-15.pdf
32 http://www.borderlands.de/net_pdf/NET0515S31-35.pdf
33 https://www.nexus-magazin.de/artikel/drucken/die-wunder-des-magnetismus
34 http://www.borderlands.de/net_pdf/NET0117S30-33.pdf
35 http://www.borderlands.de/net_pdf/NET1105S15-26.pdf S. 25
36 http://www.borderlands.de/net_pdf/NET0510S21-26.pdf
37 http://www.borderlands.de/net_pdf/NET0513S4-14.pdf S. 12ff
38 http://www.borderlands.de/net_pdf/NET0719S4-7.pdf
39 https://gehtanders.de/yasunori-takahashi/
40 http://perpetualmotion21.blogspot.com/2016/06/the-takahashi-self-generating-motor.html
41 https://www.youtube.com/watch?v=vOWPJEq42l4&t=56s
42 https://www.youtube.com/watch?v=9yt7FhiX2AM
43 Kaspar, Willy: Ätherenergie und Freie Energie, Selbstverlag 1988
44 http://www.borderlands.de/net_pdf/NET0321S11-14.pdf
45 http://www.borderlands.de/net_pdf/NET0504S15-19.pdf
46 https://gehtanders.de/Downloads/NET0911S33-35.pdf
47 https://www.youtube.com/watch?v=A5gprk4KQjI
48 http://www.rexresearch.com/hyde/hyde.htm
49 https://rimstar.org/sdenergy/hyde_generator/index.htm
50 https://www.cheniere.org/megstatus.htm
51 htttp://www.borderlands.de/Links/MEG-Tesla.pdf
52 http://jnaudin.free.fr/meg/meg.htm
53 Jebens, Klaus: Die Urkraft aus dem Universum, seihe Lit 1
54 http://www.borderlands.de/Links/FreeEnergyPlanet-Moray.pdf
55 https://wiki.naturalphilosophy.org/index.php?title=Moray_B_King
56 https://gehtanders.de/coler/
57 http://www.borderlands.de/energy.coler.php3
58 https://www.jupiter-verlag.ch/shop/detail_neu.php?artikel=10&stichwort=coler
59 https://gehtanders.de/jarck-device/
60 http://www.borderlands.de/net_pdf/NET1103S17.pdf

Vorwort zum 2. Teil
“Nikola Teslas legendärer Pierce Arrow 8 mit Raumenergie-Antrieb”

Dieses Vorwort stammt aus der Broschüre “Nikola Teslas legendärer Pierce Arrow 8 mit Raumenergie-Antrieb”, welches Adolf Schneider im Auftrag der Deutschen Vereinigung für Raumenergie DVR 2018 als Forschungsbericht Nr. 4 geschrieben hatte.

Das vom US-amerikanischen Unternehmen Tesla Inc. mit Firmensitz in Palo Alto im Silicon Valley lancierte Elektroauto ist heute in aller Leute Munde und inzwischen auch überall auf den Strassen anzutreffen. Aber wir erinnern diesbezüglich an die Aussage von Prof. Dr.-Ing. Konstantin Meyl an einem Kongress des Jupiter-Verlags: *“Es steht Tesla drauf, aber es ist nicht Tesla drin!”* Die aktuellen Tesla-Modelle von Elon Musk haben zwar den Vorteil, den Namensvater “Nikola Tesla” bekannter zu machen, aber unter “Tesla-Auto” wurde ursprünglich ein ganz anderes Konzept verstanden.

Davon handelt diese Publikation: von einem auf Elektroantrieb umgebauten Pierce Arrow 8 von Anfang der dreissiger Jahre des letzten Jahrhunderts. Ein solches Auto soll Nikola Tesla mit einer Antenne und einem Spezialempfänger ausgestattet haben. Es sei ihm damit gelungen, genügend Energie aus der Umgebung bzw. direkt aus dem Raumenergiefeld zu beziehen. Er konnte damit viele Dutzende von Kilometern fahren, ohne Energie irgendwie "nachtanken" zu müssen.

Es gibt sehr wenige authentische Informationen über diese Geschichte, dafür im Zeitalter des Internets zahlreiche Spekulationen und Theorien. In dieser Dokumentation wird versucht, sich möglichst an Fakten zu orientieren, trotzdem bleibt vieles rätselhaft und verborgen.

Als Ausgangspunkt dieser Studie dient ein Vortrag, den der Autor im Rahmen des 7. Tesla-Forums vom 8.-10. Juli 2016 in Ilmenau gehalten hat. Die dort präsentierten Informationen zum Tesla-Auto werden ergänzt durch die Erkenntnisse zu einer verlustarmen Übertragungstechnik elektrischer Energie auf der Basis von Oberflächenwellen, wie dies der Autor beim 8. Tesla-Forum vom 10.-11. Juli 2017 in Unterwellenborn vorgetragen hat.

Im ersten Teil der vorliegenden Studie wird die Frage diskutiert, ob und wie Nikola Tesla sein Elektroauto, das mit einer Antenne und einem Spezialempfänger ausgestattet war, über eine Art drahtloser Übertragung von einer entfernten Sendeanlage aus mit Energie hätte versorgen können. Normale Hertzsche Transversalwellen kommen dafür nicht in Frage, weil die Energie mit der Entfernung zu stark abnimmt.

Tesla hatte schon Anfang des letzten Jahrhunderts nachgewiesen, dass longitudiale Wellen, die sich zwischen Erde und Ionosphäre oder sogar im Inneren der Erde fortpflanzen, auch grössere Distanzen überwinden können. Er fand sich in seiner

Auffassung durch den österreichischen Physiker Arnold Sommerfeld bestätigt, der in Fortsetzung der Arbeiten des deutschstämmigen Physikers Johann Zenneck aufzeigen konnte, dass sich Signale und Energien sehr effizient mittels sogenannter Oberflächenwellen übertragen lassen.

Im zweiten Teil dieser Studie wird der Frage nachgegangen, ob Tesla zum Antrieb seines Pierce Arrow 8 vielleicht gar keine Energieübertragung benötigte, indem sein Spezialempfänger die erforderliche Energie direkt aus dem Vakuumfeld gewinnen konnte. Diese Vermutung wird durch Teslas Aussage[1] in der "New York Harald Tribune" vom 9. Juli 1933 bestätigt, wonach *"in nicht allzu ferner Zeit eine neue Art von Energie genutzt werden kann, die überall zur Verfügung steht".*

Mit dieser Publikation ist der Wunsch verbunden, dass es einst ein Tesla-Auto geben möge, welches mit jener kosmischen Energie angetrieben werden könnte, die für Nikola Tesla ein offenes Buch war. Eine solche Technologie – nicht nur im mobilen Bereich verwendet – könnte eines Tages den ganzen Planeten in ein neues Zeitalter – das Raumenergie-Zeitalter – führen.

Dank

Der Autor möchte seiner Frau Inge für die Zusammenstellung zahlreicher Informationen und Verfassung einiger Beiträge für dieses Buch danken, ebenso für die Durchsicht der Texte und die Erstellung der Verzeichnisse sowie für die Schlusskorrekturen. Das Schlusskapitel "Reale Freie-Energie-Systeme und Perspektiven" stammt von ihr. Einige Beiträge sind dem "NET-Journal" entnommen, deren Chefredaktorin sie ist.

Des weiteren möchte sich der Autor bei mehreren Tesla-Biographen und Forschern bedanken, mit denen er sich über verschiedene offene Fragen ausgetauscht hat und deren Veröffentlichungen er für dieses Buch mit Gewinn nutzen konnte. Hierzu zählen insbesondere Marc Seifer, Igor Spajic, Michael Krause, Prof. Dr.-Ing. Konstantin Meyl und einige andere. Zu erwähnen ist auch die exzellente Zusammenarbeit mit Peter Kaiser von der Tesla Society Switzerland & EU, der auf seiner Website http://www.teslasociety.ch/ immer über die neusten Entwicklungen informiert. Ein spezielles Copyright erhielt der Jupiter-Verlag für das Titelfoto, das die Tesla-Society im Jahr 2005 in Auftrag gegeben hat und das am meisten Anklang fand.

Adolf Schneider

Aeschlen BE, den 4. November 2017 und
12. November 2021

Energiekonzepte im Einklang mit der Natur Offene Systeme für Freie Energie

Nikola Tesla, der vor allem als Erfinder des Wechselstroms[2] in die Geschichte eingegangen ist, hatte erkannt, dass das Geheimnis der Nutzung von Strahlungsenergie darin besteht, in einem System optimale Resonanzbedingungen einzustellen. Dies gilt sowohl für elektromagnetische als auch für mechanische Schwingungs- oder Rotationssysteme. Entscheidend ist, dass die Kopplung und damit die Rückwirkung des Energieverbrauchers zur Anregungsquelle minimiert wird. Dann ist das System aufgrund des Gesetzes der Energieerhaltung gezwungen, Energie aus dem Umgebungsfeld aufzunehmen.

Im Prinzip sind solche Anordnungen, die Energie aus der Umgebung akkumulieren, nichts Neues. Wir alle kennen Tornado- und Wirbelsysteme, die im Resonanzfall gewaltige Energiemengen aus der thermischen Umgebung aufnehmen, in Rotationsenergie umsetzen und dann gewaltige mechanische Kräfte ausüben können[3,4].

Entscheidend für eine autonome Energieakkumulation eines parametrischen Schwingers oder Rotors ist, dass die Dämpfungsenergie, zu der auch die ausgekoppelte Nutzenergie zu zählen ist, gleichzeitig zu einer Art Anregungsenergie im Sinne einer positiven Systemrückkopplung wird. Das Charakteristikum solcher “offener” oder “freier” Energiesysteme ist, dass diese bereits bei kleinen Anregungsamplituden Energie vom Milieu absorbieren bzw. einsammeln[5].

In dem Zusammenhang scheint es angezeigt, die Frage nach der Nullpunktenergie zu stellen. Besucher der Informationstagung zur Energiekonversion des Jupiter-Verlags vom 6. Juli 2013 in Blaubeuren/DE erinnern sich an den Vortrag des Überraschungsgastes "Cobra". Er war und blieb an dieser Konferenz und auch später eine mysteriöse Figur, die ihr Pseudonym nicht offenlegte und trotzdem oder gerade deshalb die Konferenzbesucher faszinierte und tiefe Einblicke in sein Wissen gab.

Er soll Repräsentant der Galaktischen Konföderation sein und hat das "Light Resistance Movement" ins Leben gerufen[6]. Er erläuterte, dass alles Existierende aus verschiedenen Verdichtungsgraden von Energie besteht, die Grundlage jedoch jene Urenergie darstellt, in welcher die Schöpfung ihren Ursprung hat. Es ist eine allgegenwärtige formlose Urenergie, die in der Physik als Nullpunktenergie, Tachyonenenergie oder Freie Energie bezeichnet wird. Es sind die kleinsten Teilchen überhaupt. Nullpunktenergie - zuweilen auch als Tachyonenenergie bezeichnet - hat keine eigene Frequenz, trägt aber alle Frequenzen in sich. Es ist wie beim Licht: Dieses hat selbst keine Farbe, aber durch das Prisma sieht man, dass alle existierenden Farben in ihm enthalten sind. Diese Energie reicht offenbar auch in den psychischen Bereich hinein. Man könnte sie als "göttliche Energie" bezeichnen.

Einer der überragenden Forscher und Vorreiter auf dem Gebiet der kosmischen Energie war eben Nikola Tesla, der durch Nutzung freier Energien zum Beispiel das Wetter beeinflussen oder künstliche Erdbeben erzeugen konnte[7]. Seine Erkenntnisse ermöglichen ein tiefgreifendes Verständnis der kosmischen Nullpunktenergie. Eine wichtige Erkenntnis Teslas besteht darin, dass Nullpunktenergie alle Informationen für die perfekte Manifestation (Materie) in sich trägt. Dies bedeutet auch, dass alle Gebilde der Geschöpfe von einer unfehlbaren Intelligenz in der Nullpunktenergie gesteuert werden. Es bedeutet auch, dass die ganze Erde von einem Energiefeld durchdrungen und umgeben ist.

Das Wardenclyffe-Projekt

Wardenclyffe Tower, 1904

Geht man davon aus, dass das Tesla-Auto[8] über seine 1,8 m hohe Antenne Energie aus der Umgebung bezog und damit angetrieben wurde, so muss vorausgesetzt werden, dass ein überall vorhandenes Energiefeld existiert oder dass Energie von einem Sender drahtlos übertragen werden kann. Nikola Tesla war beseelt von der Idee, dass er eine Art kosmisches Energiefeld[9] drahtlos in der Weise übertragen und anzapfen könne, dass Energie für jedermann überall verfügbar sein wird.

Tesla begann etwa um 1898 mit der Planung eines Sendeturmes[10], der die kosmische Energie aktivieren und verstärken sollte. Im Jahr 1901 wurde auf Long Island ein entsprechender Turm gebaut. Architekt war Stanford White, den Entwurf hatt Whites Kollege W. D. Crow gemacht. Hauptsponsor des Projektes war der InvestmentbankerJ. P. Morgan.

Tesla war davon überzeugt, dass sich mit dieser Anlage, die im Prinzip eine baulich grosse Form eines Resonanztransformators darstellte, elektrische Energie drahtlos an jeden Punkt der Erde verteilen liesse. Als J. P. Morgan im September 1902 von Tesla über das eigentliche Ziel informiert wurde, stieg er aus dem Projekt aus. Dem Investor war schnell klar geworden, dass mit Teslas Konzept einer überall frei verfügbaren Energie, also "Freier Energie", keine Gewinne zu erwirtschaften waren.

Teslas Kommentar zu seinem Wardenclyffe-Projekt, abgegeben in New York City am 5. August 1902 bei einer Patentgerichtsverhandlung[11]: *"Die Energie des Generators wird in besonders angeordneten Hochspannungs-Transformatoren umgesetzt und in Kondensatoren spezieller Bauart gespeichert. Die in den Kondensatoren schwingende Energie regt die nachfolgenden Übertragungsschaltkreise an. Durch bestimmte neuartige Prozesse gelingt es, die zugeführte Leistung von 100 PS so zu verstärken, dass in der Erde eine Gesamtleistung von 5 bis 10 Millionen PS induziert wird."*

Teslas Konzept bestand somit darin, mit einer relativ bescheidenen Steuerleistung von nur 100 PS (das sind 73,55 kW) die kosmische Energie in der Erde bzw. im All so anzuregen bzw. zu aktivieren, dass letztlich die 50'000-fache bzw. bis zu 100'000-fache Leistung verfügbar wird. Ähnliche, aber weit bescheidenere Verstärkungsfaktoren liefern heutzutage Wärmepumpen, bei denen Wärmeenergie aus einem thermischen Reservoir transportiert und auf ein höheres Temperaturniveau umgesetzt wird. Deren Leistungszahlen[12], die das Verhältnis der gewonnenen Wärmeleistung zur benötigten Steuerleistung bezeichnen, liegen üblicherweise zwischen dem 3- bis 5-fachen, entsprechen also einem COP (Coefficient of Performance) von 3:1 bis 5:1.

Die Schumann-Frequenz

Als Schumann-Resonanz bezeichnet man das Phänomen, dass elektromagnetische Wellen bestimmter Frequenzen entlang des Umfangs der Erde stehende Wellen bilden[13]. Die ausreichend leitfähige Erdoberfläche (größtenteils Salzwasser) und die gut leitfähige Ionosphäre darüber begrenzen einen Hohlraumresonator, aus dessen Abmessungen sich mögliche Resonanzfrequenzen berechnen lassen. Diese können durch Blitze angeregt werden, sind aber von so geringer Amplitude, dass sie nur mit sehr empfindlichen Instrumenten nachgewiesen werden können.

Tesla in seinem Labor in Colorado Springs, Dezember 1899. Die Aufnahme entstand über eine Mehrfachbelichtung. Während der Blitzentladungen befand sich Tesla nicht im Raum.

Dieses ursprünglich von Nikola Tesla um 1900 während seiner in Colorado Springs durchgeführten Experimente[14] zur drahtlosen Energieübertragung entdeckte Resonanzphänomen geriet lange in Vergessenheit und wurde schliesslich in den 1950er Jahren von dem deutschen Physiker Winfried Otto Schumann an der TU München wiederentdeckt und nach ihm benannt.

Über seinen Patentanwalt inspiriert, der Anteile an dem Elektrizitätswerk El Paso Electric Company in Colorado Springs besaß, baute Nikola Tesla ab Mai 1899 in dem damals nur dünn besiedelten Gebiet um Colorado Springs ein größeres Labor auf.

Tesla wollte mit den geplanten Anlagen bis zur Weltausstellung Paris 1900 drahtlos „Nachrichten und Energie" von der Ostküste der USA zu einer geplanten Empfangsstation nach Frankreich übertragen[15]. Das aus Holz aufgebaute Labor beinhaltete verschiedene Spulen und Konstruktionen. In der Mitte der Anlage befand sich ein bis auf 50 m Höhe ausziehbarer Eisenmast, der dazu dienen sollte, Blitzentladungen einzufangen. Tesla bezeichnete in seinem damals geführten Tagebuch dieses Gebilde als "magnifying transmitter", war aber gleichzeitig bemüht, möglichst wenig Information darüber nach außen dringen zu lassen. Sein Labor in Colorado Springs durfte von Außenstehenden nicht betreten werden.

Bei seinen Experimenten mit Blitzentladungen beschrieb er auch die im niederfrequenten Bereich in der Atmosphäre auftretenden stehenden Wellen, die erst 50 Jahre später von Winfried Otto Schumann genauer erklärt werden konnten. Nikola Tesla konnte seine Beobachtungen noch nicht systematisch einordnen, zumal damals der Aufbau der Atmosphäre und die Ionosphäre noch unbekannt waren. Er war aber davon überzeugt, dass sich das überall vorhandene Energiefeld sowohl für drahtlose Übertragung und für autonome Energiegeräte als auch für den Antrieb eines Elektroautos sollte anzapfen lassen. Er glaubte jedenfalls, ein "Welt-Energie-System" gefunden zu haben.

Energie aus dem Kosmos

Wie bereits Anfang des letzten Jahrhunderts öffentlich bezeugt, ging Tesla bei der Diskussion seines Wardenclyffe-Projekt davon aus, dass er mit einer Steuerleistung von nur 100 PS das Energiepotenzial des umgebenden Äthers aktivieren und Leistungen von 5 bis 10 Millionen PS auskoppeln könnte[11]. Diese Vision des Zugangs zu unbegrenzter Energie war für ihn sehr real - obwohl er die Machbarkeit nicht beweisen konnte und auch theoretisch nie ein detailliertes Konzept ausgearbeitet hat. In verschiedenen späteren Interviews hat er jedoch seine Auffassung mehrfach bekräftigt.

Davon zeugt zum Beispiel der Bericht in der Radio-Zeitschrift "Radio News". In der November-Ausgabe von 1922 schrieb der Journalist J.P. Glass einen Artikel zum Thema "Tremendous Possibilities of Radio, an Interview with Nikola Tesla" ("die riesigen Möglichkeiten von Radiowellen, ein Interview mit Nikola Tesla"). Darin heisst es: *"In time to come it is possible that some form of automobile may be perfected that will enable this propulsion of such vehicles to be effected by power drawn from the ambient medium" ("in zukünftiger Zeit wird es möglich sein, dass Autos so weit entwickelt werden, dass deren Antriebsenergie aus dem Umgebungsmedium gewonnen wird")*[16].

Hier ging es also nicht um die längst bekannten Hertzschen Rundfunkwellen, mit denen aufmodulierte Nachrichten und Musik ausgestrahlt und mittels geeigneter Empfänger empfangen werden konnten. Vielmehr spekulierte Tesla in den zwanziger Jahren des vorigen Jahrhunderts damit, dass es eines Tages möglich sein könnte, elektromagnetische Energie aus dem umgebenden Raummedium über eine entsprechende Verstärkung direkt zu nutzen und sie zum Antrieb einzusetzen.

Dies geht auch aus einem Hinweis von Margaret Cheney in ihrer Bibliographie[17] zu Nikola Tesla hervor. Sie schrieb darin, dass Tesla im Jahr 1919 seinem alten Freund Robert Johnson mitgeteilt habe, dass er zwar kein Geld habe, aber *"... another very fine and valuable new invention ... the whole world would be talking about it"*. Er meinte offenbar, dass bei einer industriellen Umsetzung seiner sehr feinen und wertvollen Erfindung die ganze Welt darüber reden würde.

Leider hat Tesla diese Erfindung, die er offenbar schon länger in seinem Kopf mit sich trug, weder in einer persönlichen schriftlichen Notiz zu Papier gebracht noch zu einer Patentanmeldung ausgearbeitet.

Allerdings gab es in den dreissiger Jahren des letzten Jahrhunderts mehrere Veröffentlichungen in verschiedenen Presseorganen wie im “Time Magazine”, im ”Brooklyn Eagle”, in der “New York Herald Tribune”, im “New York American” oder in der “New York Daily News”, wo Tesla den Reportern gegenüber einige Andeutungen über diese neue Energiequelle gemacht hatte. Er könne und wolle zwar die wissenschaftlichen Grundlagen dieser Erfindung sowie die mechanischen Prinzipien zur Energiekonversion nicht im Detail bekanntgeben. Er sei aber in der Lage, die Energieumsetzung zu berechnen und wisse, dass derartige Energieanlagen, die nach einem völlig neuen Prinzip funktionieren, Hunderttausende PS erzeugen können.

Ausführliche Hinweise zu den verschiedenen Zeitungsartikeln finden sich weiter unten im Abschnitt “Zeitungsberichte zum Tesla-Auto” ab S. 139.

Heinrich Jebens und Klaus Jebens

Die Autoren dieses Buches, zugleich Redaktoren des "NET-Journals" und Geschäftsführer der Firma TransAltec AG, lernten auf ihrer Tagung "Effiziente alternative Antriebssysteme" am 17. März 2001 in Zürich den Hamburger Unternehmer Klaus Jebens kennen. Dieser erzählte ihnen damals, er sei Inhaber vieler Patente, und er habe von seinem Vater Heinrich erfahren, dass dieser im Jahr 1930 nach Amerika gereist sei. Dort habe er als Direktor des "Deutschen Erfinderhauses" Thomas A. Edison eine Ehrenmedaille überreicht und anschliessend auch Nikola Tesla getroffen. Dieser habe ihm Gelegenheit gegeben, mit einem autonom laufenden Elektroauto bis zu den Niagarafällen hin- und zurückzufahren.

Klaus Jebens, Autor des Buches "Urkraft aus dem Universum", 1. Aufl. 2006 Jupiter-Verlag.

Heinrich Jebens war im 1. Weltkrieg Marine-Offizier auf der "SMS Seydlitz" und absolvierte danach eine Ausbildung zum Polizeileutnant. 1923 verliess er den Polizeidienst und machte sich als Erfinder selbständig[19]. 1926 gründete er das "Deutsche Erfinderhaus" in Hamburg, das im Jahr 1930, also vier Jahre später, bereits 10'000 Erfinder betreute[20]. Er hat sich auch als Schriftsteller[21] betätigt, z.B. über die "Philosophie des

Der Hamburger Unternehmer Heinrich Jebens konnte 1930 mit Tesla im umgebauten Pierce Arrow 8 von Buffalo zu den Niagarafällen fahren. Seinen Erfahrungsbericht publizierte sein Sohn Klaus im Buch "Urkraft".

Fortschritts" oder "Die Erschliessung der Kraftzentrale des Weltalls" geschrieben.

Sein Sohn Klaus Jebens, selber erfolgreicher Erfinder und Unternehmer in Hamburg, gab den Autoren ein Interview[22], welches in der Ausgabe Nr. 5/6 2001 des "NET-Journals" publiziert wurde.

Auszug aus dem Interview mit Klaus Jebens

Im Folgenden wird ein Auszug aus diesem Interview wiedergegeben (Klaus Jebens **KJ**, Adolf und Inge Schneider **as/is**)

as: Sie entstammen ja einer Erfinderfamilie, und Ihr Vater war Direktor des Deutschen Erfinderhauses in Hamburg und wurde von Edison und Tesla zu einem Besuch eingeladen. Wann hat er Ihnen erstmals von seinem Besuch bei Edison erzählt?

KJ: Dies war gleich, nachdem er von seiner Amerika-Reise im Dezember 1930 zurückgekehrt ist.

as: Wann genau hatte Ihr Vater Edison besucht, und was hat ihm dieser erzählt und gezeigt?

KJ: Am 13. und 14. November 1930 war er dort[A6]. Er hat ihm sein Laboratorium in Orange gezeigt und mit ihm patentrechtliche und politische Fragen erörtert. Mit grosser Besorgnis hatte Edison auf Hitler verwiesen, der damals noch nicht im Amt war.

is: Hat Edison Ihren Vater direkt mit Tesla bekannt gemacht oder ihn über eine Mittelsperson zu ihm bringen lassen?

KJ: Mein Vater hatte auf der Hinfahrt nach Amerika den österreichischen Luftwaffenoffizier Petar Savo[A6] kennengelernt, der ihn auf seinen Onkel Nikola Tesla aufmerksam machte. Mit Edison hat er auch über Tesla gesprochen, wobei dieser ihm die Bekanntschaft empfohlen hatte.

Besichtigung und Probefahrt mit dem Tesla-Auto

as: Wo genau fand die Begegnung statt, wo Tesla Ihrem Vater das umgebaute Auto gezeigt hatte?

KJ: In einer kleinen Halle in der Nähe von Buffalo. Es wurde vorher grösstes Stillschweigen vereinbart, sonst durfte meinem Vater als Direktor des Deutschen Erfinderhauses nichts gezeigt werden.

is: Erhielt Ihr Vater ein paar technische Angaben zum Auto, die er Ihnen weiter erzählte (Typ, Alter, Leistung usw.)?

KJ: Er erhielt einige wenige Angaben, nicht alle, aber er erfuhr, dass das Auto mit atmosphärischer Kraft angetrieben wurde und kein Benzin benötigte.

as: Hat Ihr Vater Ihnen erzählt, ob Tesla ihm auch das Innere des Autos gezeigt hat, also den Elektromotor und die Energiebox samt Antenne? Wissen Sie, wie Tesla dieses Aggregat bezeichnet hatte?

KJ: Der grosse Elektromotor war mit einer Traverse an das Kupplungsgehäuse des Wagens vormontiert. Ein Kabel ging an den Konverter, der auf der Beifahrerseite vor dem Armaturenbrett montiert war. Ein anderes Kabel kam von einer antennenmässigen Stange, die hinten im Fahrzeug nach oben ragte. Ein weiteres Kabel ging durch den Fussboden an einen Schleifschuh, der auf der Erde mitlief.

is: Hat Tesla Ihrem Vater ein paar Details über die Funktion des Generators geschildert?

KJ: Darauf erhielt er von Tesla keine Antwort.

as: Ist bekannt geworden, wieviel PS oder kW die Maschine leistete?

KJ: Nein. Während der Versuchsfahrt machte der Motor immer sehr hohe Umdrehungen. Nach Teslas Auskunft war das Auto noch nicht ganz fertig entwickelt.

is: Wie lange war etwa die Strecke, die das Auto zurückgelegt hat?

KJ: Der Monteur fuhr den Wagen zunächst bis zu den Niagarafällen, etwa 30 km entfernt von dort, wo Tesla meinem Vater das von ihm konzipierte Kraftwerk vorführte. Danach fuhren sie wieder zu der Werkstatt und nachher zum Bahnhof. Das Auto fuhr einwandfrei.

as: Brachte Tesla noch weitere Ideen für einen Einsatz seines Generators vor, zum Beispiel in Schiffen oder zur Stromerzeugung im Haus?

KJ: Für Tesla war die Zeit noch nicht reif für den breiten Einsatz. Über die Stromversorgung von Häusern wurde gesprochen, über jene von Schiffen nicht. Zitat-Ende.

Im Beitrag "Nikola Tesla und die Energie aus dem All", der im Jahr 2012 im Magazin "Kultur & Technik" des Deutschen Museums in München erschienen ist, schreibt der Verfasser, dass Tesla der festen Überzeugung war, dass er die Strahlungsenergie aus dem Kosmos umwandeln könne. Damit liessen sich nicht nur Autos, Schiffe, Lokomotiven und Flugzeuge antreiben, sondern auch eine stationäre landesweite Energieversorgung aufbauen[23].

VESTI NEDELJA 23. i 24. maj 2010.

SUSRETI

EKSKLUZIVNO

NEMAČKI PRONALAZAČ KLAUS JEBENS IMA DOKAZE O POSTOJANJU KOSMIČKOG AUTOMOBIL

CIA krije Teslinu tajnu

I SAM PRONALAZAČ: Klaus Jebens

Zbogom nafti

Jebens je privrednik, ima tri poljopriv imanja u Nemačkoj, Kanadi i Irskoj, ki liko kompanija. Priznaje da se obogat ljujući svojim izumima u razmin jima. Poslec godina biznis nu Klau potpun svetio is kom rad ruču en od 2001. vo se bav stornom jom, koja čanstvo tr oslobodi n trovanja i opasnosti.

SNAGA IZ UNI Knjiga Klaus

Naftašima nije bilo po v srpskog genija iz preko male an

Od stalnog dopisnika HANOVER Ranko Lukić

U leto 1931. na njegov rođendan Tesla je svog sinovca Petra Savu provozao oko

energije iz univerzuma. Klaus Jebens se poslednjih godina okrenuo svojim izumima, ali ga nada u proizvodnju električne energije na Teslin način nikada nije napustila. Uostalom, nauč-

Tesla je bio uveren

Die Schweizer Tesla Society[24], die sich besonders intensiv um Dokumentationen zu Nikola Tesla bemüht, hat 2010 ein Interview mit Klaus Jebens als Tondokument ins Web gestellt, in dem dieser eindrücklich über die Erlebnisse seines Vaters “live” berichtet[25]. Eine kroatische Zeitung[26] – siehe oben – hatte am 23./24. Mai 2010 einen ausführlichen Bericht über Klaus Jebens und das Buch “Urkraft aus dem Universum” publiziert.

Derek Ahlers Interview mit Petar Savo

Ausser dem Bericht von Klaus Jebens, dessen Vater Petar Savo auf seiner Schiffsreise in die USA im November 1930 kennengelernt haben soll, gibt es noch ein weiteres Dokument zu Petar Savo von Flugingenieur Derek Ahlers. Dieser zweite Bericht stammt von Ralph Bergstraesser, der für den OSS und dann für den CIA gearbeitet hatte und Tesla persönlich gekannt und mehrfach über dessen Technologien ausgefragt hatte[27].

Marc Seifer

Dies erwähnte Marc Seifer im Rahmen seiner umfangreichen Biografie zu Nikola Tesla, die er im Jahr 1996 veröffentlicht hat[28].

Am 23. Juni 2016 hatte Marc Seifer den Autor dieses Buches darüber informiert, dass er lange mit Ralph Bergstraesser gesprochen habe. Dieser hatte ein Interview in seinen Unterlagen, das Derek Ahlers am 16. September 1967 mit einem angeblichen Neffen von Tesla geführt hatte. Danach soll Tesla diesen Neffen namens Petar Savo im Sommer 1931 zu einer Fahrt mit einem umgebauten Pierce Arrow 8 mitgenommen haben. Dies wird auch vom Autor Igor Spajic bestätigt[29].

Ralph Bergstraesser

Im übrigen habe Bergstraesser sogar Informationen über Teslas Konzepte von Partikelwaffen gehabt, worüber Andrija Puharich in einer späteren Veröffentlichung berichtete[30].

Im deutschen Sprachraum ist der Bericht von Derek Ahlers zum ersten Mal in Dr. Hans Niepers Buch "Revolution in Technik, Medizin und Gesellschaft" aufgetaucht[31].

Im Kapitel "Nikola Tesla's Automobil" schilderte er, dass Petar Savo 43 Jahre jünger als Tesla war, als ihn dieser im Herbst 1930 nach Amerika eingeladen hatte, um ihn bei seinen Forschungen und bei praktischen Arbeiten zu unterstützen. Eine Quellenangabe fehlt in Niepers Buch, doch weist er darauf hin, dass die wiedergegebenen Informationen auf einer Bestandsaufnahme vom 16. September 1967 basieren. Das ist aber genau der Tag, an dem Ralph Bergstraesser Petar Savo in New York befragt hatte.

Dr. Hans Nieper

Im Archiv von Dr. Hans Nieper, das der Autor dieses Buches am 14.6.2017 im Archiv von Prof. Dr.-Ing. Konstantin Meyl durchsehen konnte, fand sich die Kopie des Ahlers-Interviews, das heute auch im Internet zugänglich ist[32].

Dr. Hans Nieper spricht in seinem Buch von einem "Energieaufnehmer" und bezeichnet diesen - gemäss seinem eigenen Raumenergie-Modell - als "Schwerkraftfeldenergie-Konverter". Auffällig sei die rund 1,8 m lange Antenne gewesen. Dies erinnerte ihn an den Konverter von Thomas Henry Moray, der auch eine solche Antenne benötigte und den er in seinem Buch ebenfalls vorgestellt hatte[33]. Tesla wusste offenbar – so Nieper –, dass seine Konstruktion für die damalige technische Begriffswelt "unverdaulich" war und vermied daher jegliche Auseinandersetzung mit der Fachwelt.

In dem recht umfangreichen Originalbericht zum Ahlers-Interview steht, dass Petar Savo 1899 in der kroatischen Stadt Knin geboren wurde, die damals zu Jugoslawien gehörte. Anfang der 1930er Jahre habe Tesla seinen Neffen nach New York eingeladen und ihn sogar bei der Ankunft des Schiffes aus Europa abgeholt. Tesla habe bis zu seinem Tode ein fast väterliches Interesse an Petar Savo aufgebracht. Zunächst lebte Savo einige Jahre in New York, später zog er weiter nach Detroit. In der dortigen jugoslawischen Gemeinde konnte er bald wichtige politische Kontakte anknüpfen und wurde schliesslich zum US-Handelsattaché in Belgrad und später in Bukarest ernannt. Nachdem er eines Tages von den Nazis verhört worden war, gelang ihm anschliessend die Repatriierung. In der Nachkriegszeit lebte er noch einige Zeit in New York. Seine zwei Söhne flogen später als Piloten der US-Marine verschiedene Einsätze in Vietnam.

Reiste Petar Savo 1930 oder 1931 in die USA?

Eine Recherche in den Aufzeichnungen der Passagierlisten[34] der aus Europa eingelaufenen Schnelldampfer anfangs der 1930er Jahre ergab, dass am 1. Juni 1931 ein Passagier namens Petar Savo in New York angekommen war. Das Schiff, die "Saturnia", war 10 Tage zuvor am 20. Mai 1931 vom italienischen Triest ausgelaufen. Diese Stadt ist nur 400 km entfernt von der kroatischen Stadt Knin, wo Savo geboren worden sein soll. Andererseits soll Petar Savo laut dem Ahlers-Bericht nach dem ersten Weltkrieg nach Italien emigriert sein. In der Passagierliste hatte Savo übrigens Detroit eingetragen[A8]. Als Alter hatte er 35 Jahre angegeben, das heisst, er wäre 1896, also einige Jahre vor der Jahrhundertwende, geboren worden.

In Detroit hat übrigens ein weiterer "echter" Neffe von Nikola Tesla gewohnt. Dieser trug den Namen Nikola Trbojevic und war der Sohn von Teslas Schwester Angelina - siehe hierzu auch den Stammbaum Teslas auf S. 149/150. Aus der Privatkorrespondenz von Nikola Tesla geht hervor, dass dieser regelmässig mit seinem Namensvetter korrspondierte und umgekehrt auch Briefe von ihm erhielt. Allein 1929 bekam Tesla neun Briefe von seinem Neffen und schrieb genau so viele zurück[35]. Allerdings scheint Petar Savo in der Korrespondenz zwischen Nikola Tesla und seinem Enkel Nikola Trbojevic kein Thema gewesen zu sein. Jedenfalls hat Nikola Trbojevic mit seinem Sohn William H. Terbo nie über Petar Savo gesprochen, wie dieser ausdrücklich vermerkt (siehe S. 147). Kurze Zeit nach der Ankunft Savos in den USA erhielt Tesla einen Brief von Fanika Tesla aus dem serbischen Ruma. Es ist anzunehmen, dass Fanika eine weitläufige Verwandte von Tesla war, vermutlich von den Nachkommen einer der Onkel von Nikola Tesla väterlicherseits[36]. Vielleicht wollte sie in Erfahrung bringen, ob Petar Savo, der vielleicht in verwandtschaftlicher Beziehung zu ihr stand, in den USA gut angekommen sei.

Sicher scheint jedenfalls zu sein, dass Petar Savo[37] nicht Ende 1930 in die USA eingereist ist, wie das Klaus Jebens aufgrund des Dokumentes seines Vaters behauptet, sondern am 1. Juni 1931. In der New Yorker Passagierliste[38] für das Schiff "New York", das am Freitag, den 7.11.1930 in Hamburg abgefahren und am 15.11.1930 in New York angekommen ist, findet sich zwar der Eintrag von Heinrich Jebens, 34 Jahre alt, wohnhaft in der Abekenstr. 14 in Hamburg. Ein Petar Savo oder Peter Savo ist dagegen in der Liste der 1'666 Passagiere nicht verzeichnet. Es wäre auch seltsam, wenn ein solcher Passagier aus Serbien, Kroatien oder Italien extra nach Hamburg gefahren wäre, um sich dort für eine Fahrt in die USA einzuschiffen. Daraus kann geschlossen werden, dass das geheime Protokoll[39] von Heinrich Jebens so nicht stimmen kann und vielleicht gar nicht im Dezember 1930 von ihm verfasst worden ist. Wie das Protokoll entstanden ist, kann leider nicht mehr nachgeprüft werden, da Klaus Jebens verstorben ist und nicht mehr befragt werden kann.

Nikola Teslas durch Ätherkraft angetriebenes Elektroauto

Unter diesem Titel veröffentlichte der in Australien lebende serbische Journalist Igor Spajic in der englischen "Nexus"-Ausgabe 1/2 vom Jahr 2005 einen ausführlichen Bericht über das Interview von Derek Ahlers mit Petar Savo[40]. In der deutschen Ausgabe von "Nexus" wurde dieser Bericht im Jahr 2010 in Heft 10/11 publiziert[41].

Igor Spajic schrieb, dass sich Flugingenieur Derek Ahlers in den 1960ern mit Petar Savo getroffen habe und sich eine langjährige Freundschaft entwickelte. Während dieser Zeit sprach Savo mit Ahlers über seinen berühmten "Onkel" Nikola Tesla und dessen Heldentaten in den 1930er Jahren. Savo sei tatsächlich ein jüngerer Verwandter Nikola Teslas gewesen. Er war zwar nicht Teslas leiblicher Neffe, nannte ihn aber dennoch seinen "Onkel".

Laut dem ausführlichen Interview von Derek Ahlers soll Tesla Savo im Sommer 1931 eingeladen haben, nach Buffalo im Bundesstaat New York zu fahren, um einen neuen Autotypen zu testen, den er aus eigenen Mitteln entwickelt hatte. Westinghouse Electric - dessen Gründer und Eigentümer, George Westinghouse, gegen Anfang des 20. Jahrhunderts Teslas Wechselstrom-Patente für 15 Millionen USD gekauft hatte - und die Pierce-Arrow Motor Company hatten dieses experimentelle Elektroauto nach Teslas Vorgaben ausgerüstet. Die Firma Pierce-Arrow war inzwischen von der Studebaker Corporation aufgekauft worden, die als neuer Eigentümer und Geldgeber mit stabiler finanzieller Grundlage für einen wahren Innovationsschub sorgen sollte.

Typische Luxuslimousine Pierce Arrow von 1931.

So kam es, dass ein Pierce-Arrow 8 für Tests auf dem firmeneigenen Versuchsgelände in Buffalo (New York) ausgewählt worden war.

Der Verbrennungsmotor im Pierce-Arrow 8 wurde ausgebaut, die Kupplung, das Getriebegehäuse und das Getriebe für die Hinterräder hingegen blieben erhalten. Auch die gewöhnliche 12-Volt-Autobatterie verblieb im Wagen. Dafür wurde das Auto mit einem 80-PS-Elektromotor ausgestattet. Es war ein Wechselstrom-Elektromotor, der eine Drehzahl bis von zu 1’800 U/min. erreichte. Der Motor selbst war 40 Zoll (102 cm) lang und hatte einen Durchmesser von 30 Zoll (76 cm), war bürstenlos, wurde mit einem Front-Ventilator luftgekühlt und besass zweiadrige Stromkabel, die unterhalb des Armaturenbretts verliefen, aber nicht angeschlossen waren. Tesla lüftete das Geheimnis nicht, wer den Elektromotor hergestellt hatte, aber es wird angenommen, dass es eine Abteilung von Westinghouse war. Am Heck wurde ein Antennenstab mit einer Länge von sechs Fuss (1,83 m) befestigt.

Das geheime Innenleben des umgebauten Pierce Arrow

Der Autor dieses Buches hatte mehrfach Kontakt mit Igor Spajic, der den Bericht über das mit Ätherenergie betriebene Tesla-Auto in "Nexus" verfasst hatte. Auf die Frage nach der Informationsquelle schrieb er ihm am 3. Juni 2016, dass er sich auf das Keelynet beziehe, aber dass es wenig gesicherte Informationen gebe. Er teilte auch mit, dass er nach Fertigstellung des Beitrags in englischer Version Ende 2004 geplant habe, ein Buch zum Thema zu verfassen, doch das Projekt sei aus verschiedenen Gründen ins Stocken geraten. In diesem Buch habe er den Zusammenhang zwischen der Arbeit von T. Henry Moray und Nikola Tesla herstellen wollen. Das Buch "Urkraft aus dem Universum" habe ihn erneut motiviert, das Buchprojekt wieder in Angriff zu nehmen.

Erschwerend falle ins Gewicht, dass Nikola Teslas Leben grundsätzlich voller Geheimnisse steckte. Doch die Informationen, die Klaus Jebens in seinem Buch über den Erfahrungsbericht seines Vaters Heinrich von 1930 mit dem Tesla-Auto publizierte, entsprächen den Kenntnissen, die er selber zusammentragen konnte. Er habe sich in seinem Beitrag in

"Nexus" vor allem auf mehrere Interviews bezogen, welche Petar Savo 1967 Derek Ahlers gegeben habe. Darin bestätigte Petar Savo, dass ihn Nikola Tesla im Sommer 1931 eingeladen habe, um seine neuste Erfindung zu besichtigen.

Bei der Ankunft in Buffalo seien sie in eine kleine Garage gegangen, wo der neue Pierce-Arrow bereitstand, der auf Elektroantrieb umgebaut worden war. Nikola Tesla öffnete die Motorhaube und nahm einige Einstellungen am Wechselstrom-Elektromotor vor. Dann fuhren sie in ein nahegelegenes Hotelzimmer, in dem das Erfinder-Genie sein Gerät zusammenbaute, für das er zwölf spezielle Vakuumröhren in einer kleinen Box mitgebracht hatte.

Als sie zum Auto zurückkehrten, setzten sie den Behälter auf der Beifahrerseite in eine dafür vorgesehene Nische ein, die sich unter dem Armaturenbrett befand (siehe blauer Rahmen im Bild auf der Folgeseite). Nikola Tesla drückte die zwei Kontaktstäbe hinein und nahm einen Spannungsprüfer zur Hand. *"Jetzt haben wir Strom"*, erklärte er, als er Petar Savo die Zündschlüssel gab. Savo startete den Motor. *"Der Motor läuft jetzt"*, sagte Tesla, obwohl Savo kein Geräusch hörte. Savo legte einen Gang ein, trat auf das Gaspedal und lenkte das Auto aus der Garage. Savo fuhr dieses brennstofflose Auto 50 Meilen durch Buffalo, beschleunigte dann auf 145 km/h, während der Pierce-Arrow immer noch geräuschlos lief.

Unterwegs diskutierte Tesla mit Jebens entspannt über die Geheimnisse seiner Erfindung. Das Gerät sei nicht nur dazu in der Lage, das Fahrzeug für immer mit Energie zu versorgen, sondern könnte darüber hinaus die Bedürfnisse eines ganzen Hauses decken. Das Gerät sei nur ein Empfänger für die "mysteriöse Strahlung, die aus dem Äther kommt" und "in unbegrenzter Menge verfügbar" sein soll.

Instrumententafel mit Nische für Verstärkereinbau (blauer Rahmen rechts).

Im Lauf der kommenden acht Tage erprobten Tesla und Savo den Pierce-Arrow in der Stadt und auf dem Land, wobei sie von Schrittgeschwindigkeit bis zu maximal 145 km/h fuhren. Nach Testende brachte Tesla das Auto in eine alte Scheune in der Nähe eines Gehöfts etwa 20 Meilen ausserhalb Buffalos zurück. Was dann mit dem Auto weiter geschah, ist nicht bekannt. Laut Tesla sei es prinzipiell möglich, mit seinem Energieempfänger nicht nur Autos, sondern auch Züge, Boote und sogar Flugzeuge mit Energie zu versorgen.

Interessanterweise wurde Petar Savo - wie Ahlers berichtete - im Jahr 1959 von einem jugoslawischen Diplomaten bei den Vereinten Nationen kontaktiert und gefragt, ob dieser ihm sagen könne, wo sich das Tesla-Auto und dessen geheimnisvoller Energieempfänger befinde. Er sprach etwas von Kontakten zu Rockefeller und dass man ihm Millionen zahlen könne, wenn es gelänge, die Erfindung nachzubauen. Doch Savo sagte nur, er habe gehört, das Auto sei nach Jugoslawien verschifft worden. Doch Freunde von ihm konnten das nicht bestätigen. Der erwähnte jugoslawische UNO-Diplomat ist im Jahr 1965 verstorben.

Zeitungsberichte zum Tesla-Auto

Nachdem Igor Spajic einige umfangreiche Recherchen durchgeführt hatte, berichtete er in der Ausgabe Jan./Febr. 2005 von Nexus (deutsch erschienen in Heft Okt./Nov. 2010), dass Peter Savo zu Ohren gekommen sei, dass eine Sekretärin Teslas über die geheimen Tests geplaudert hatte, was der Grund für Berichte in mehreren Zeitungen Anfang der 30er Jahre des letzten Jahrhunderts gewesen sein dürfte.

In einem Bericht des Time-Magazins vom 20. Juli 1931 (Vol. XVIII, Nr. 3) steht zu Tesla u.a.[42]: "*...zudem arbeite ich an einer neuen Energiequelle, von der meines Wissens noch kein Wissenschaftler bisher gesprochen hat. Als mir zum ersten Mal die Idee hierzu gekommen ist, löste dies einen gewaltigen Schock in mir aus. Viele bisher unverstandene Phänomene des Kosmos werden sich damit erklären lassen. Die Erfindung wird auch von grossem industriellem Wert sein ... Der Apparat, mit dem sich die Energie aus dem All anzapfen lässt, enthält sowohl mechanische wie auch elektronische Bauteile und ist zugleich von erstaunlicher Einfachheit...*"

An Teslas 76. Geburtstag, dem 10. Juli 1932, schrieb John J.A. O'Neill, Wissenschaftsredaktor der New Yorker Zeitschrift "Brooklyn Eagle", einen Aufsatz zum Thema "Teslas Motor, der kosmische Strahlen einfängt, könnte elektrische Energie um die ganze Erde herum schicken".

Darin heisst es u.a.: "*Tesla hatte mehrfach angekündigt, dass er eine weit fortgeschrittene Theorie entwickelt habe, die sich mit jeder seiner Forschungsergebnisse mehr und mehr verfestigt habe. Die herausragende Eigenschaft der kosmischen Strahlung besteht in ihrer Konstanz und ständigen Verfügbarkeit. Ein Gerät, das in der Lage ist, diese Energie umzuwandeln, ersetzt alle bekannten Energiespeicher, wie man sie bei der Nutzung von Windenergie, Tidenenergie oder Sonnenenergie benötigt. Weiter schreibt Tesla, dass ihn alle seine Forschungsarbeiten zu der Erkenntnis gebracht hätten, dass es sich um eine Strahlung sehr feiner Partikel handle. Diese trügen nur eine so schwache elektrische Ladung, dass sie praktisch neutral seien und man sie daher 'Neutronen' nennen könne*".

O'Neill zitiert auch die Aussagen Teslas, dass sich diese kosmischen Teilchen mit Überlichtgeschwindigkeit bewegen würden[43] (Anmerkung des Autors: Die Bezeichnung "Neutronen" ist nicht korrekt, denn damit werden die ladungslosen Komponenten der Atomkerne bezeichnet. Die Neutronen wurden erst 1932 von J. Chadwick[44] entdeckt und nachgewiesen).

Ein Tag vor Teslas 77. Geburtstag, am 9. Juli 1933, brachte die "New York Herald Tribune" einen Bericht mit der Sensations-

Schlagzeile: *"Tesla sieht voraus, dass innerhalb eines Jahres eine neue Energiequelle verfügbar sein wird".* Der Erfinder wird dann seine Entdeckungen zusammen mit Testergebnissen publizieren. Zur Herkunft und Natur der neuen Energiequelle sagt er, dass man bisher davon nur hätte träumen können und dass sie mit Einsteins physikalischer Theorie nicht kompatibel sei. Die Energie hätte etwas mit der Sonne zu tun und sie sei überall auf der Erdoberfläche in unbegrenzten Mengen verfügbar. Einzelne Geräte zur Umsetzung dieser Energie seien zwar teuer, doch in Serienproduktion günstig herzustellen. Derartige Maschinen hätten eine Lebensdauer von "500 Jahren".

Tesla sagte in dem Artikel, er könne sich mit seinen Behauptungen vielleicht auch irren. Doch er sei der festen Überzeugung, dass man ihn in späteren Generationen weniger mit der Erfindung des Induktionsmotors oder des Mehrphasenstroms in Verbindung bringen werde, sondern vor allem mit der Entdeckung dieser neuen kosmischen Energiequelle[45].

Im selben Jahr, am 1. November 1933, bestätigte der "New York American", dass nach Teslas Auffassung in nicht allzu ferner Zeit eine neue Art von Energie genutzt werden könne, die überall zur Verfügung steht. Tesla wird zitiert mit den Worten: "*Ich werde derzeit die wissenschaftlichen Grundlagen dieser Erfindung sowie die mechanischen Prinzipien zur Energiekonversion nicht im Detail bekanntgeben. Auf jeden Fall kann ich bestätigen, dass ich in der Lage bin, die Energieumsetzung zu berechnen. Derartige Energieanlagen funktionieren auf einem völlig neuen Prinzip und können Hunderttausende PS Leistung erzeugen"*[46].

Ein halbes Jahr später, am 2. April 1934, also mehrere Jahre nach den Demos des Tesla-Autos, publizierte die "New York Daily News" einen Artikel mit der Überschrift "Teslas Traum von drahtloser Energie wird Wirklichkeit". Dort steht unter anderem[47]: *"It was planned a 'test run of a motor car over a stretch... from Boise City, Oklahoma to Farley, New Mexico' using wireless transmission of electrical energy to power the vehicle. The equipment was assembled by 'two Californians' and is described as 'including a high-powered radio transmitter with big coils and a short antenna'. Several newspapers reported testing. When asked where the power came from, Tesla replied: 'From the ether all around us!'"*

Zu Deutsch: *"Es war eine Testfahrt von Boise City/Oklahoma nach Farley/New Mexico geplant, auf welcher ein Elektroauto über eine drahtlose Übertragung von elektrischer Energie angetrieben werden sollte. Zwei Kalifornier bauten die elektrische Ausrüstung zusammen und erwähnten, dass unter anderem ein sehr leistungsstarker Radioverstärker mit grossen Spulen und einer kurzen Antenne benutzt wurde. Einige Zeitungen haben darüber berichtet. Als Tesla gefragt wurde, woher die Energie komme, antwortete er: 'Aus dem Äther, der uns umgibt!'"*

Alle diese Zeitungsberichte, die zwischen 1931 und 1934 erschienen sind, bieten – neben den wenigen Augenzeugenberichten – einen überzeugenden historischen Beweis dafür, dass Nikola Tesla tatsächlich eine neue Energiequelle entdeckt hatte.

Diese überall im umgebenden Raum oder Kosmos verfügbare Energie, die er einfachheitshalber "Ätherenergie" nannte, liess sich einerseits stationär und anderseits auch in mobilen Fahrzeugen nutzen.

Warum Tesla zu jener Zeit seine Erkenntnisse nicht der Öffentlichkeit weitergab, bleibt sein Geheimnis. Vielleicht hat er einfach gespürt, dass die Zeit noch nicht gekommen war, um jedermann "Freie Energie" zur Verfügung zu stellen. Vielleicht war er sich auch darüber klar geworden – nach all seinen Erfahrungen – , dass mächtige Kreise in Wirtschaft, Politik und Gesellschaft kein Interesse daran hatten, eine freie und damit auch kostenlose Energiequelle der Menschheit zugänglich zu machen und sie eventuell sogar verhindern könnten.

Interesse aus der Fachwelt

Wie der Journalist Igor Spajic in seinem Beitrag im Januar-Februar-Heft des "Nexus"-Magazins von 2005 (deutsch in Heft Okt./Nov. 2010) erläutert, sei Petar Savo etwa einen Monat nach den Berichten in den Zeitungen von Lee DeForest angerufen worden[41]. Dieser war der berühmte Erfinder der Vakuum-Röhre und auch ein guter Freund von Nikola Tesla. Er erkundigte sich bei Savo, wie ihm die Tests gefallen hätten. Savo bestätigte, dass er vom Test mit dem Auto begeistert gewesen sei.

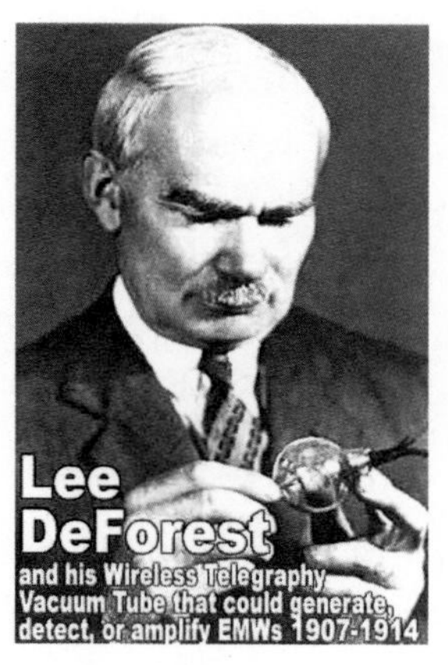

Lee DeForest, Erfinder der Vakuum-Röhre.

Später fragte Savo seinen "Onkel", welche Fortschritte es bei den anderen Anwendungen des Energieempfängers gebe. Tesla antwortete, dass er dabei sei, mit einer grossen Schiffsbaugesellschaft für den Bau eines Bootes eine ähnliche Vereinbarung auszuhandeln wie beim elektrischen Testauto. Mehr liess sich Tesla nicht entlocken. Ihm war wohl klar gewesen, dass mächtige Interessensgruppen ihn daran hindern würden, seine Technologien voranzutreiben und zur Anwendung zu bringen. Im übrigen hatte Tesla Anfang der dreissiger Jahre des 20. Jahrhunderts keinerlei Mittel mehr, um eigene Projekte zu finanzieren und Prototypen in einem Labor zu bauen.

Einige Jahre später, am 11. Juli 1937, erschien in der New York Times[48] ein Artikel, in dem Nikola Tesla seine klaren Vorstellungen zu einer neuartigen Energieübertragung beschreibt. Im Laufe seiner Forschungsarbeiten – so berichtet er – sei es ihm gelungen, einen neuen kleinen und kompakten Apparat zu entwickeln, mit dem es möglich sei, Energie in beträchtlicher Menge durch den interstellaren Raum zu übertragen. Diese Energiepakete könnten dann direkt und ohne die geringste Dispersion (Übertragungsverluste) wieder in einem Empfänger aufgefangen und in nutzbare Energie umgewandelt werden. Allerdings hatte Tesla zu keiner Zeit irgendwelche Details über diese neuartige Technik veröffentlicht.

Es stellt sich natürlich die Frage, weshalb Nikola Tesla überhaupt einen Sender zur drahtlosen Ubertragung von Energiepaketen brauchte, wenn er doch die atmosphärische oder kosmische Energie in der Umgebung "direkt einfangen" und "konvertieren" konnte. Das hatte er ja bei der Testfahrt 1931 mit dem auf Elektroantrieb umgebauten Pierce Arrow 8 eindrücklich demonstriert und dies ein Jahr später im Alter von 75 Jahren dem "Time-Magazin"[49] (Ausgabe 20.7.1932) gegenüber auch ganz klar kommuniziert. Er sagte damals: "... *Der Apparat, mit dem sich die Energie aus dem All anzapfen lässt, ... ist von erstaunlicher Einfachheit....*"

Tesla war ja offensichtlich von der Möglichkeit, kosmische Energie zu nutzen, voll überzeugt. So hatte er zum Beispiel seinem Freund Robert Johnson, dem Herausgeber des "Century-Magazins", bereits im Juni 1902 geschrieben, dass er ein solches Gerät schon erfunden habe. Er bezog sich dabei auf eine Meldung der "New York Times", die er einen Tag zuvor in dieser Zeitung gelesen hatte. Darin hiess es, dass ein Mann von den Kanarischen Inseln namens Clemente Figueras behauptete, einen elektrischen Generator erfunden zu haben, der keine Primärkraft benötige – das heißt, keine äußere Energiequelle[50].

Stimmt die Geschichte von Petar Savo zum Tesla-Auto?

In Wikipedia steht, dass die Tesla-Auto-Story ohne Zweifel ein klassischer "Hoax" sei. *"No physical evidence has ever been produced confirming that the car actually existed".* Da sich Wikipedia an den allgemein anerkannten wissenschaftichen Erkenntnissen orientiert, die ein "ätherbetriebenes" Auto für unmöglich halten, ist auch nichts anderes zu erwarten. Dort wird insbesondere darauf hingewiesen, dass Nikola Tesla gar keinen Neffen mit dem Namen Petar Savo gehabt habe[51].

William H. Terbo, Grossneffe von Nikola Tesla.

Hier bezieht sich Wikipedia wohl auf die Aussage von William H. Terbo, eines Grossneffen von Tesla, der in den USA gelebt hatte und am 14.8.2018 gestorben ist. Er war Founding Director and Honorary Chairman of the Tesla Memorial Society und ein Sohn von Nikola J. Trbojevich, eines Mathematikers, Ingenieurs und mehrfachen Erfinders. Als Absolvent der Purdue University arbeitete er mehrere Jahre in der Raketen- und Raumfahrt-Industrie in Los Angeles. Er war Mitbegründer einer Firma für Halbleiterentwicklung und Kältetechnik. Von 1973 bis zu seiner Pensionierung im Jahr 1990 war er für ein internationales Unternehmen in der Kommunikationsbranche tätig.

Wie William H. Terbo berichtet, war Teslas Vater Milutin ein geachteter Priester, der das Priesterseminar im Jahr 1845 als Klassenbester beendet hatte und durch seine brillanten Predigten, Schriften und andere Veröffentlichungen die Aufmerksamkeit der intellektuellen Elite der Krajina, des hauptsächlich von Serben besiedelten Sicherheitsgürtels Österreichs gegen die Türken, gewann. Im Jahr 1846 heiratete er die wohlhabende Georgina-Duka Mandic. Er wurde durch seine eloquenten Predigten über seine kleine Gemeinde Senj hinaus bekannt. In Senj erblickten Daniel (Dane) 1848 und 1850 Angelina das Licht der Welt. 1852 erhielt Milutin ein neues Pastorat im Örtchen Smiljan. Dort wurden 1852 Tochter Milka, 1856 Sohn Nikola und 1959 Tochter Marica geboren. 1860 kam Dane im Alter von zwölf Jahren bei einem Reitunfall ums Leben. Wie die nachfolgende Übersicht zeigt, ist im Stammbaum Teslas und seiner Verwandtschaft nirgends ein Petar Savo zu entdecken.

William H. Terbo ist sich offenbar völlig sicher, dass Tesla keinen Neffen mit dem Namen Petar Savo gehabt haben könne. Im übrigen sei sein Vater, Nicholas J. Trbojevich, in ständigem Kontakt mit Tesla gestanden, und dieser hätte ihm bestimmt von der Existenz des Pierce-Arrow-Testautos berichtet. Er rät allen Leuten, die diese unglaubliche Geschichte verbreiten, seine klare Stellungnahme mitzuteilen![52]

Trotz der klaren Stellungnahme von William H. Terbo ist nicht auszuschliessen, dass Petar Savo ein entfernter Verwandter Nikola Teslas gewesen sein könnte. So ist bekannt, dass Teslas Vater Milutin fünf Geschwister hatte, drei davon waren Brüder, hiessen also auch Tesla mit Nachnamen. Vielleicht ist auch Fanika Tesla, die am 9. Juni 1931 einen Brief an Nikola Tesla geschrieben hatte, ein Nachkomme von Teslas väterlichen Geschwistern. Eine Woche zuvor, am 1. Juni 1931, war jedenfalls ein Petar Savo in New York angekommen, was in den Schiffspassagierlisten offiziell bestätigt ist[34].

Petar Savo und die Familie Nikola Teslas

Nikola Tesla wurde als viertes von fünf Kindern serbischstämmiger Eltern, des orthodoxen Priesters Milutin Tesla (1819-1879) und dessen Frau Georgina (Rufname Djuka, geb. Mandic, 1822-1892), im Pfarrhaus der St.-Peter-und-Paul-Kirche von Smiljan in der Lika unweit von Gospic (heutiges Kroatien) geboren.

Er entstammt einer zahlreichen Verwandtschaft[53,54,55]. Wie aus dem Stammbaum hervorgeht, gehört Petar Savo nicht zur direkten Verwandtschaft. Vielleicht war er ein Nachkomme eines Onkels von Nikola Tesla.

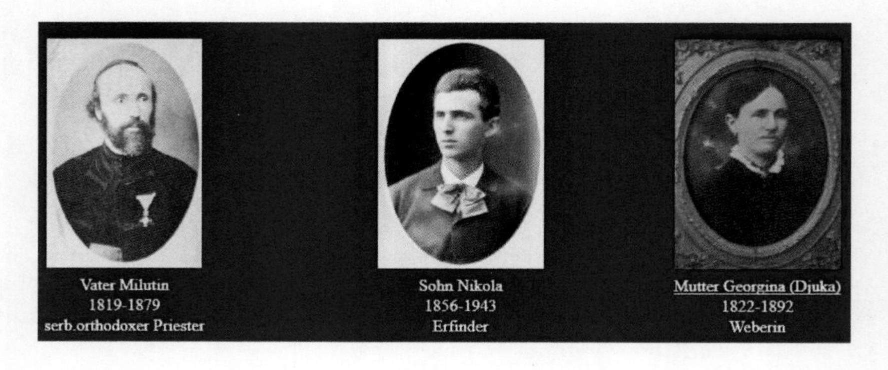

Vater Milutin
1819-1879
serb.orthodoxer Priester

Sohn Nikola
1856-1943
Erfinder

Mutter Georgina (Djuka)
1822-1892
Weberin

Schwester Marica
Schwester Angelina
Kein Bild von Bruder Dane, Unfalltod mit 12 Jahren
Schwester Milka

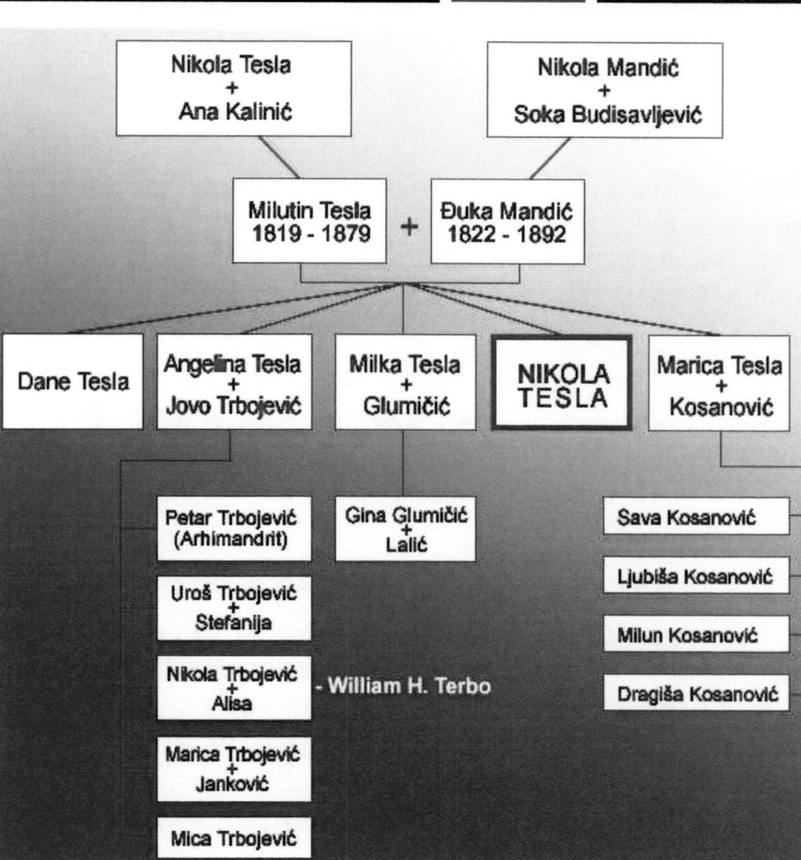
Nikola Tesla + Ana Kalinić
Nikola Mandić + Soka Budisavljević
Milutin Tesla 1819 - 1879
+
Đuka Mandić 1822 - 1892
Dane Tesla
Angelina Tesla + Jovo Trbojević
Milka Tesla + Glumičić
NIKOLA TESLA
Marica Tesla + Kosanović
Petar Trbojević (Arhimandrit)
Uroš Trbojević + Stefanija
Nikola Trbojević + Alisa
- William H. Terbo
Marica Trbojević + Janković
Mica Trbojević
Gina Glumičić + Lalić
Sava Kosanović
Ljubiša Kosanović
Milun Kosanović
Dragiša Kosanović

Teslas Auto Pierce Arrow 8 mit Elektroantrieb

Unabhängig davon, ob der auf Elektroantrieb umgebaute Pierce Arrow 8 drahtlos über eine Antenne mit Energie versorgt oder direkt mit einem hypothetischen "Raumenergie-Konverter" angetrieben wurde, war ein beachtlicher Schaltungsaufwand erforderlich, um die Primärenergie in die für den Antriebsmotor erforderlichen Frequenz-, Strom- und Spannungsparameter umzusetzen.

Leistung der auf Elektroantrieb umgebauten Pierce-Arrow-8-Limousine

- 80-PS Asynchron-Maschine
- max. Geschwindigkeit 145 km/h

Benzinversion zum Vergleich

- Der benzingetriebene Pierce Arrow 8 erreichte 150 km/h mit 80 PS, woraus sich ein cw-Wert von 0,43 errechnet[56].
- Ein heutiger BMW der 8er Serie mit cw=0,29 benötigt für eine Geschwindigkeit von 150 km/h nur 54 PS

Erforderliche Energie für die zurückgelegte Wegstrecke

Wenn das Auto bei einer angenommenen Durchschnittsgeschwindigkeit von 50 km/h eine Strecke von 50 Meilen (80 km) durch Buffalo zurückgelegt hatte, musste es 1,6 Stunden unterwegs gewesen sein.

Bei einer geschätzten mittleren Antriebsleistung von 20 PS = 14.7 kW wäre somit eine Energie von 23.5 kWh verbraucht worden.

Klassische Erklärungen zur Energiequelle des Tesla-Autos

1. Hypothese:

Die Energie kam aus einem Batterie-Pack.

Wenn 20 Batterien zu je 12 V und 100 Ah an Bord gewesen wären, ergäbe das die benötigten 20 * 12 * 100 VAh = 24 kWh. Doch bei einem geschätzten Wirkungsgrad von 80% für die Batterien (sehr gut!) würde man effektiv 25 Batterien brauchen.

Alternativ hätten 50 Batterien zu je 12 V und 50 Ah vorhanden sein müssen. Doch – soweit bekannt – war im Auto nur eine einzige 12-V-Willard-Standardbatterie eingebaut, die zur Stromversorgung der Beleuchtung, Scheinwerfer und Hupe diente.

2. Hypothese:

Die Energie wurde "drahtlos" von einem Sender in der Nähe übertragen. Der Empfang der Energie erfolgte über eine etwa 1,8 m hohe Antenne in Verbindung mit einem Schleifschuh aus blankem Kupfer, der die Strasse berührte (Aussage von Klaus Jebens im Interview). Die weitere Umsetzung der hochfrequenten Energie in die benötigte Spannung und Frequenz zum Betrieb des Elektromotors erfolgte in einem entsprechenden Röhrenverstärker, den Tesla an der Stelle des Handschuhfachs eingebaut hatte.

Voraussetzung: Es gab irgendwo in der näheren Umgebung eine leistungsfähige Sendestation, die über 80 km (oder weniger) eine mittlere Leistung von 15 kW mit Spitzen bis zu 60 kW übertragen konnte. Wie gezeigt werden kann, ist eine drahtlose

Energieübertragung über grössere Distanzen mittels Hertzscher Wellen nicht möglich. Alternativ käme eine Übertragung mittels Longitudinalwellen oder Oberflächenwellen in Frage, welche beide eine Energieübertragung, insbesondere bei Resonanzabstimmung zwischen Sender und Empfänger, mit geringer Dämpfung ermöglichen.

Wechselstrom-Generator als Antriebsmotor

Folgende Daten hat Derek Ahlers von Petar Savo erfahren:

- Der Benzinmotor war ausgebaut. Statt dessen war ein Wechselstrom-Generator mit 80 PS installiert, der als Motor betrieben wurde.
- Abmessungen: Durchmesser 30 inch (76 cm), Länge 40 inch (102 cm).
- Drehzahl 1'800 U/m (entspricht bei 60 Hz einer 4-Pol-Anordnung).
- Die Maschine war einphasig angeschlossen und hatte zwei dicke Kabel zur Stromzufuhr vom Energie-Konverter, der im Frontraum eingebaut war.

Vergleich mit einem Baldor-Motor von heute

- 75-PS-Motor, 1'800 U/m, 3 Phasen (4 Polpaare) 230 V/169 A, cosphi = 0,85, Impedanz Z = 0,77 Ohm
- Durchmesser: 17,41 inch, Länge: 33,7 inch
- Gewicht: 457 lb (207 kg) (Benzinmotor: 200 kg)[57]

Motoreinbau im Resonanzkreis

Gemäss dem Konzept, das Mike Gamble, ehemaliger Forschungsingenieur bei Boeing, während eines Vortrags an der COFE-Konferenz 2016 vorgestellt hatte, dürfte der Motor – gekoppelt über einen Step-Down-Transformator – in einen Resonanzkreis einbezogen worden sein[58].

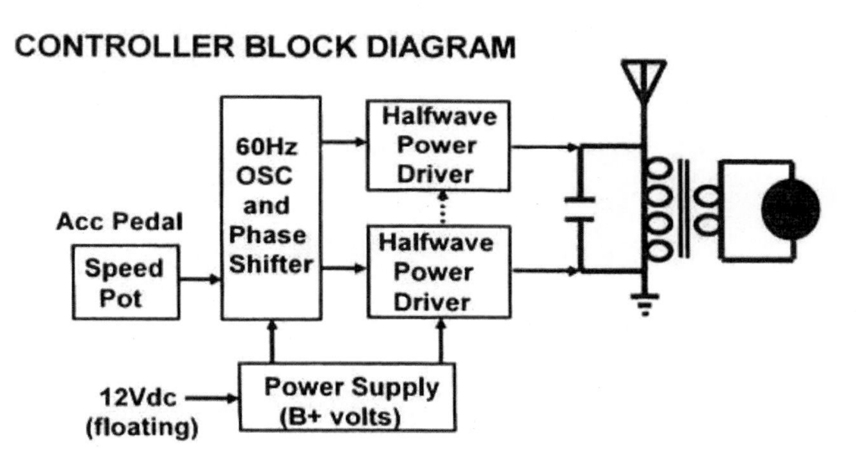

Damit die äussere Energiezufuhr über eine Antenne funktionieren kann, muss der Resonanzkreis optimal abgestimmt werden. Tesla hatte dies bei seinem Verstärker offenbar dadurch erreicht, dass er zwei Stäbe aus Eisen in die Spulen des Resonanzkreises mehr oder weniger weit hineingeschoben hat. Die richtige Resonanzabstimmung konnte vermutlich auch akustisch wahrgenommen werden, indem dann der Motor im Leerlauf die optimale Drehzahl erreicht hatte.

Zur Auskopplung der benötigten rund 75 kVA Scheinleistung war eine getaktete Ausgangsstufe in Röhrentechnik erforderlich. Der im Auto vorhandene 12-V-Akkumulator lieferte über einen DC-DC-Wandler die Heizspannung der benötigten Röhren-Leistungsendstufe.

Durch Phasenverschiebung der Halbwellen liess sich die dem Motor zugeführte Leistung regulieren, das heisst, es konnte schneller oder langsamer gefahren werden. Hierzu diente ein entsprechendes Potenziometer, das mit dem Gaspedal gekoppelt war und die Verschiebung der Phasen im laufenden Motor bewirkte.

Steuerelektronik

Kenndaten für einen passenden Resonanzkreis (MatLab):

Frequenz:
60 Hz
Leistung:
75 kVA
Eingangsspannung:
7,25 kV
Eingangsstrom:
10,61 A
Induktivität: L = 1813 mH
Spulenwiderstand: R = 912 Ohm
Kapazität: 3,9 MikroFarad

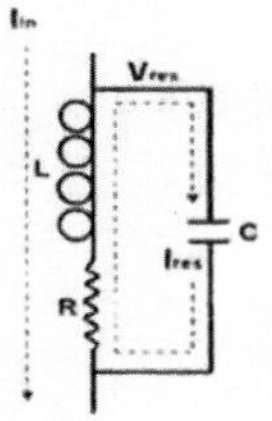

$$I_{res} = \frac{V_{res}}{1 / CS}$$

$$(I_{in} - I_{res}) = \frac{V_{res}}{LS + R}$$

$$[S = -2\pi(F_{res})j]$$

Hinweis: Bei der verwendeten Resonanzfrequenz von 60 Hz ist die Länge der 1,8 m langen Antenne deutlich kleiner als der optimale Wert von einem Viertel der Wellenlänge.

Impedanzanpassung mit einem Step-Down- Transformator

Primary Secondary $V_{out} = V_{in} / N$

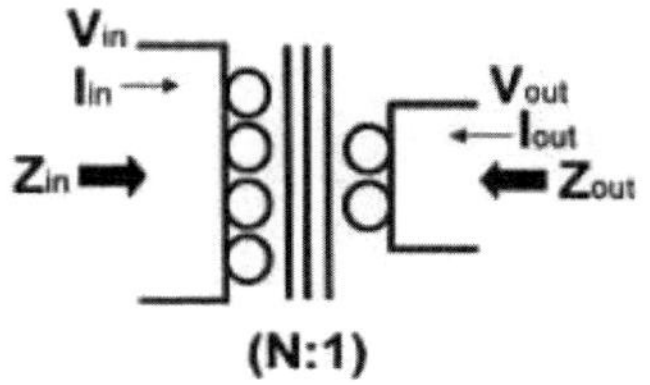

$I_{out} = I_{in} * N$

$Z_{out} = Z_{in} / N^2$

(N:1)

N = Windungszahl-Verhältnis

Verhältnis der Windungszahlen bei einer Ausgangsspannung von 240 V oder 480 V:

$$N = \left[\frac{(7.25Kv)(310.8A)}{(10.61A)\ (240V)}\right]^{0.5} = 29.75\ (30:1)$$

Turns Ratios

$$N = \left[\frac{(7.25Kv)(155.4A)}{(10.61A)\ (480V)}\right]^{0.5} = 14.87\ (15:1)$$

Die entsprechenden Daten am Eingang und Ausgang des Transformators sind:

Eingangsspannung: U_e = 7,25 kV
Ausgangsspannung: $U_a = U_e/30$ = 238 V (240 V)
Eingangsstrom: I_e = 10,61 A
Ausgangsstrom $I_a = I_e*30$ = 313 A (311 A)
Widerstand Eingang: R_e = 911,55 Ohm
Ausgang: $R_a = 911{,}55/30^2$ = 0,98 Ohm (0,77)

Eingangsspannung: U_e = 7,25 kV
Ausgangsspannung: $U_a = U_e/15$ = 476 V (480 V)
Eingangsstrom: I_e = 10,61 A
Ausgangsstrom $I_a = I_e*15$ = 159 A (155 A)
Widerstand Eingang: R_e = 911,55 Ohm
Widerstand Ausgang: $R_a = 911,55/15^2$ = 3,93 Ohm (3,09)

Referenz-Oszillator und Leistungsendstufe

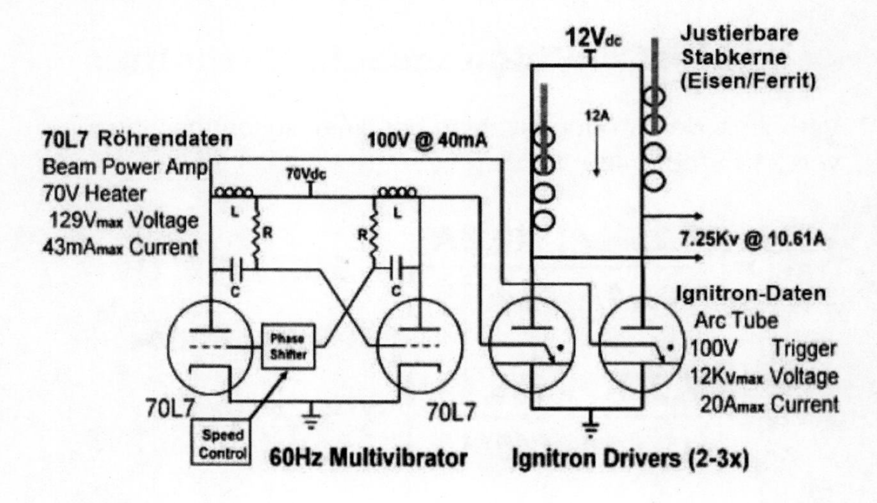

Der Multivibrator war aus zwei 70L7-Röhren aufgebaut. Die Endstufen (Ignitron-Schalter) wurden alternativ getriggert.

Leistungsendstufe des Konverters

Laut dem Elektroniker Mike Gamble[A9] hatte Tesla für die Ausgangsstufe vermutlich 2-3 Ignitrons als Ausgangstreiber eingesetzt. Es gab in den 1930er Jahren bestimmte Typen von

Gasgefüllte Ignitrons aus den 30er Jahren des letzten Jahrhunderts, die als gesteuerte Gleichrichter verwendet wurden. Dieser Röhrentyp wurde von Joseph Slepian während seiner Tätigkeit bei Westinhouse erfunden und war der Vorläufer der modernen silitiumgesteuerten Gleichrichter (SCRs). Mike Gamble vermutete, dass Tesla Zugang zu diesen kurios konstruierten Röhren gehabt hatte.

Westinghouse, die im gepulsten Betrieb hohe Ströme und Spannungen schalten konnten.

Nach Gambles Vermutung wurden zwei bis drei solcher Ignitrons als Leistungsendstufen eingesetzt, die über abstimmbare Spulen (mit ein-/ausschiebbaren Eisenstäben) eine Ausgangsspannung von 7,25 kV bei 10,6 A induzieren konnten (das ergäbe 75 kW).

Die hohe Serienresonanzspannung wurde über einen Step-Down-Transformator runtergesetzt und an die 240 V Betriebsspannung des Motors angepasst. Mit einem anderen Windungszahlverhältnis hätte auch ein Motor für 480 V angepasst werden können. Der erforderliche Trafo war wohl wegen seiner

Grösse in der Nähe des Motors im Motorraum platziert, wobei die dicken Kabel zur Leistungsendstufe isolierte Hochspannungskabel waren.

Konzept des Resonanzkonverters

Laut Informationen von Derek Ahlers, die er von Petar Savo erhalten hat, komplettierte Tesla seinen Konverter (60 x 25 x 15 cm) zunächst im Hotelzimmer, das sich in der Nähe der Garage befand, wo der neue Pierce-Arrow stand. Tesla baute 12 spezielle Vakuumröhren[A10] ein, die er zuvor gekauft und in einem kleinen schachtelförmigen Behälter mitgebracht hat.

Savo fiel die sonderbare Bauweise der Röhren auf. Drei davon wurden als Gleichrichterröhren des Typs 70L/-GT identifiziert (max. Leistung ca. 10 W !).

70L7GT: Collection JR Jacob Roschy

Einige andere der "sonderbaren" Röhren waren vielleicht die oben beschriebenen Ignitronröhren, die hohe Spannungen und Ströme schalten konnten und den Resonanzkreis takteten.

Fernfeld- und Nahfeldübertragung

Aus theoretischer Sicht lässt sich zeigen, dass Rundfunkwellen, deren Schwingungsrichtung senkrecht zur Ausbreitungsrichtung verläuft, zur Übertragung elektromagnetischer Energie völlig ungeeignet sind. Der Grund dafür liegt in der Tatsache, dass sich die Energie gleichmässig im Raum in alle Richtungen ausbreitet und damit der relative Energieanteil an einer Empfangsstation viel zu gering ist.

Bei einer sog. Kugelwelle[59], die radial von einem Punkt ausgeht und in jeder Richtung die gleiche Amplitude hat, nimmt die Leistungsdichte entsprechend dem Poyntingschen Vektor quadratisch mit dem Abstand R ab, also mit $1/R^2$.

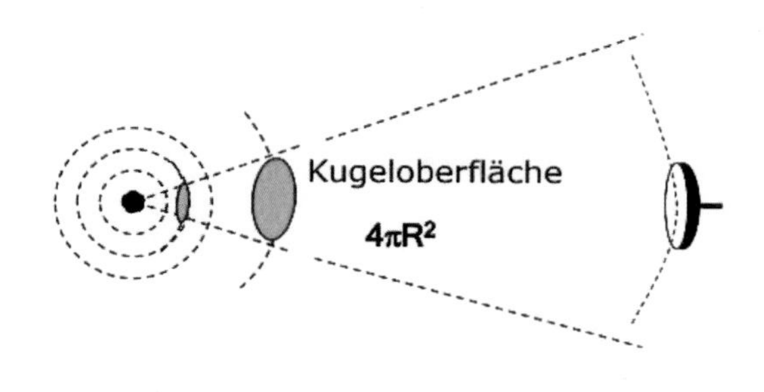

Wenn von einer Sendeantenne 1 kW ausgestrahlt werden, beträgt die Leistungsdichte in einer Entfernung von R = 1'000 m nur noch 1000 W / (4 * π * 1000 m * 1000 m) = 80 μWatt/m². Dies bedeutet, dass auf einer äquivalenten Antennenempfangsfläche von 1 m² nur noch 80 Millionstel der Sendeenergie ankommt, also "eingefangen" werden kann. Daher ist es klar, dass die sogenannte Fernfeldübertragung elektromagnetischer Energie mit üblichen Radiosignalen wegen der hohen Freiraumdämpfung völlig unwirtschaftlich ist.

Im Nahfeld einer Antenne dagegen wird heutzutage für viele Anwendungszwecke, etwa zur kontaktlosen Batterieaufladung von Elektroautos, vermehrt die induktive Energieübertragungstechnik eingesetzt. Dabei handelt es sich um eine Art Transformator, bei dem Primär- und Sekundärspule in einem gewissen Abstand voneinander entfernt sind, so dass diese relativ lose über den magnetischen Fluss miteinander verkoppelt sind[60]. Die Reichweite beschränkt sich meist nur auf wenige Zenti- bzw. Dezimeter.

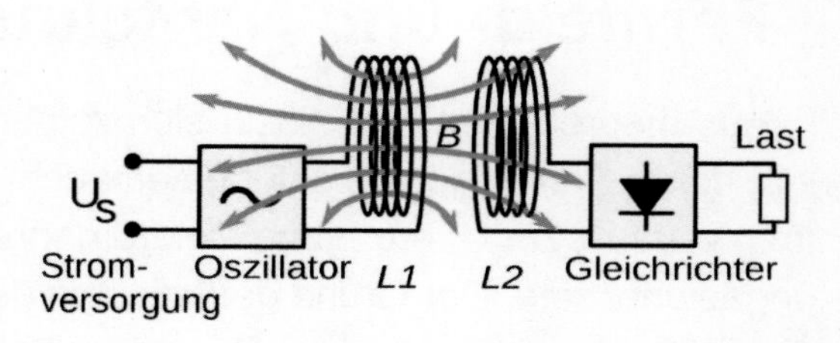

Der Wirkungsgrad lässt sich allerdings erheblich verbessern und damit auch die Reichweite deutlich erhöhen, wenn in der Freiraumstrecke zwischen Sende- und Empfangsspule ein oder mehrere freie Schwingkreise angebracht werden.

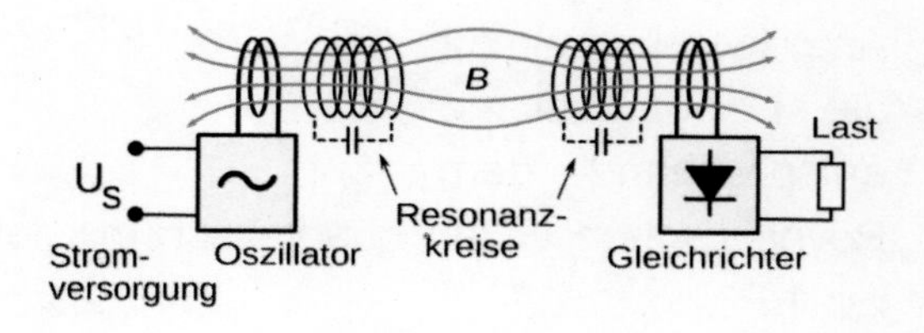

Jeder dieser Schwingkreise besteht aus einem Kondensator C und einer Spule L, deren Resonanzfrequenz auf die Übertragungsfrequenz abgeglichen ist. Die Resonanz zwischen den Schwingkreisen führt zu einer verbesserten magnetischen Kopplung zwischen Sende- und Empfangsspule bei der Übertragungsfrequenz.

Dabei sollten die Schwingkreise einen möglichst hohen Gütefaktor aufweisen. Eine drahtlose Energieübertragung ist damit über eine Distanz in der Größenordnung des 4- bis 10-fachen Spulendurchmessers möglich.

So wurde im Jahr 2007 am Massachusetts Institute of Technology unter idealen Laborbedingungen mit einem Spulendurchmesser von 25 cm auf eine Distanz von 2 m eine elektrische Leistung von 60 W bei einem Wirkungsgrad um 40% übertragen.

Kommerziell wird die resonant induktive Kopplung unter Namen wie WiTricity vermarktet[61].

2014 konnten Wissenschaftler aus Daejon/Südkorea sogar eine Distanz von 5 m überbrücken und einen LED-Fernseher und drei 40-Watt-Ventilatoren drahtlos mit Energie versorgen[62].

Teslas Energieübertragung mit Longitudinalwellen

Diese Technologie hatte Tesla Anfang des letzten Jahrhunderts entwickelt: Ein Resonanzkreis beim Empfänger war auf den Resonanzkreis im Sender abgestimmt[63]. In seinem Patent #685,957 von 1901 beschrieb er, wie eine drahtlose Energieübertragung mittels Resonanzabstimmung funktionieren könnte[64].

Bei dieser Übertragungstechnik, die auf longitudinalen Wellen statt auf transversalen Rundfunkwellen beruhte, waren die Verluste minimal. Tesla vermutete, dass die oberen ionisierten Luftschichten hochfrequenten Strom gut leiten würden und spekulierte sogar mit der Möglichkeit, auf der Sende- und Empfangsseite metallisierte Ballone in ca. 6,5 km Höhe aufsteigen zu lassen[65]. Dabei ging Tesla davon aus, dass die Erde als Rückleiter dienen würde[66].

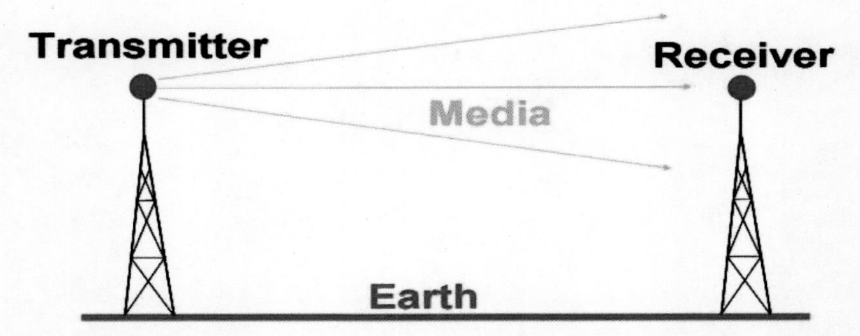

Prinzipdarstellung der elektromagnetischen Energieübertragung mit Sende- und Empfangsstation.

Der Resonanzkreis im Empfänger “saugte” bei richtiger Abstimmung die Energie über die Antenne ein, die als Kugelelektrode ausgebildet war. Über einen Step-Down-Transformator erfolgte die Anpassung an die elektrischen Verbraucher. Falls Tesla bei seinem Experiment mit dem Pierce Arrow eine solche Übertragungstechnik genutzt hat, wäre der Elektromotor der Verbraucher gewesen[67].

TESLA PATENT #685,957 (11/05/1901)

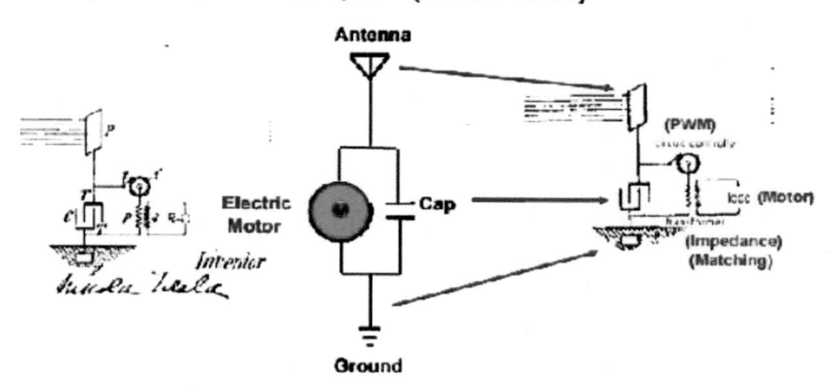

Tesla hatte aufgrund seiner zahlreichen Laborexperimente die Überzeugung gewonnen, dass eine drahtlose Energieübertragung über grosse Distanzen realisiert werden könnte. Grundlage war die Verwendung longitudinaler Wellen, die als z-Komponente bei der Lösung der Maxwellschen Gleichung zur Ausbreitung elektromagnetischer Wellen bekannt sind.

Tesla schrieb: *“Dass elektrische Energie drahtlos über irgendeine terrestrische Distanz wirtschaftlich übertragen werden kann, habe ich in zahlreichen Beobachtungen, Experimenten und Mes-*

sungen unverkennbar qualitativ und quantitativ festgestellt. Meine Versuche haben gezeigt, dass es möglich ist, Strom von einer zentralen Anlage in unbegrenzter Menge zu verteilen, wobei die Übertragungsverluste maximal einen Bruchteil von einem Prozent erreichen, selbst bis zur größten Entfernung von 12'000 Meilen, also dem halben Erdumfang."

1889 begann Tesla mit konkreten Planungen für eine grosse Sendeanlage. Bereits 1893 hatte er bei seiner Vorlesung am "Franklin Institute" und vor der "National Electric Light Association" zeigen können, dass bei genauer Abstimmung von Sender und Empfänger nicht nur eine perfekte Informationsübertragung, sondern auch die Übertragung von elektrischer Energie ohne direkte Drahtverbindung möglich ist[67].

Im Jahr 1901 wurde ein entsprechender Sendeturm auf Long Island gebaut. Hauptsponsor des Projektes war J. P. Morgan, Architekt war Stanford White, das Konzept hatte Whites Kollege W. D. Crow entworfen. Seinem Sponsor gegenüber stellte Tesla jedoch die Anlage als Radiosender vor, mit der er transatlantische Nachrichten übertragen wollte in direkter Konkurrenz zu den damaligen Anlagen von Guglielmo Marconi[68].

Wardenclyffe Tower, 1904

Im Gegensatz zu Marconis Knallfunkensender mit einer Leistung von nur 18 kW, mit dem Marconi die erste drahtlose Datenübertragung über den Atlantik durchführen konnte, wies die Anlage in Wardenclyffe eine projektierte Leistung von 300 kW in Form von Wechselspannungsgeneratoren von Westinghouse Electric auf. Der Wardenclyffe Tower war im Vergleich zu den Anlagen Marconis riesig, teuer und kompliziert[69]. Einem Freund gegenüber erzählte Tesla, dass er mehr als 30 derartige Empfangs- und Sendestationen geplant habe, die in der Nähe von Grossstädten auf der ganzen Welt gebaut werden sollten[70].

Tesla war überzeugt, mit Hilfe derartiger Anlagen, die eine baulich große Form eines Resonanztransformators darstellte, elektrische Energie drahtlos an jeden Punkt der Erde verteilen zu können. Er wollte mit dem Wardenclyffe-Turm insgesamt 10 Megawatt übertragen[71].

Als J. P. Morgan im September 1902 von Tesla über die eigentliche Aufgabe informiert wurde, stoppte er nach einer Anfangsinvestition von 150'000 USD das Projekt. Daher konnte Tesla auch das neue Laboratorium direkt am Turm nicht mehr fertigstellen[72].

In der wissenschaftlichen Welt war es nie ganz klar, ob Teslas Konzepte zur Energieübertragung über grosse Distanzen wirklich realisierbar waren. So schrieb die Fachzeitschrift "Electrocraft" bereits 1910, dass es eigentlich keine beweisfähigen Unterlagen zu Teslas Experimenten gebe. Selbst die Energieübertragung über relativ kurze Entfernungen sei nirgendwo klar dokumentiert[73]

Tesla war indes zeit seines Lebens davon überzeugt, dass eine weltweite Energieübertragung ohne Hochspannungsleitungen möglich sein sollte. So beschrieb er z.B. in einem Interview von 1926 mit dem "Colliers Magazine"[74] sein Konzept wie folgt:

"Wenn die drahtlose Übertragung von Energie kommerziell gemacht wird, werden Transport und Übertragungstechnik revolutioniert. Bereits bewegte Bilder wurden draht-

Künstlerische Darstellung von Teslas Energieübertragungstechnik.

los über eine kurze Strecke übertragen. Später ist die Entfernung unbegrenzt, und mit später meine ich nur einige Jahre später. Bilder werden über Kabel übertragen - sie wurden vor 30 Jahren erfolgreich mittels Morsesystem telegrafiert. Wenn die drahtlose Übertragung von Energie allgemein eingeführt sein wird, sind die (bisherigen) Methoden so schwerfällig wie die Dampflokomotive im Vergleich zum elektrischen Zug."

Weitere Visionen[75] beschrieb er wie folgt:

"Die vielleicht wertvollste Anwendung der drahtlosen Energie wird der Antrieb von Flugmaschinen sein, die keinen Treibstoff benötigen und frei von jeglichen Beschränkungen der gegenwärtigen Flugzeuge und Luftschiffe sein werden. Wir werden in ein paar Stunden von New York nach Europa fliegen. Internationale Grenzen werden größtenteils ausgelöscht werden, und ein großer Schritt wird auf die Vereinigung und harmonische Existenz der verschiedenen Rassen gemacht, die den Globus bewohnen. Drahtlos wird nicht nur die Energieversorgung der Region ermöglichten, so unzugänglich sie auch sein mag, sie wird durch die Harmonisierung der internationalen Interessen politisch wirksam sein. Es wird Verständnis anstelle von Unterschieden schaffen."

Das sind wahrhaft schöne und eindrückliche Worte mit der Vision einer friedvollen Welt, die sich gemäss Tesla einstellen müsste, wenn die technischen Bedingungen für eine internationale grenzen- und rassenüberschreitende Kooperation gegeben sind. Leider scheinen technischer Fortschritt und moralische Weiterentwicklung nicht zwingend parallel zu laufen, wie die Geschichte lehrt.

Ingenieure, die später Teslas Entwurf studierten, konnten nie herausfinden, welches Konzept einer drahtlosen Energieübertragung er verfolgte, da sein Entwurf mehrdeutig war. Sollte der Turm die Energie in den Himmel, in die Erde oder in beide Richtungen emittieren? Es scheint, als ob Tesla selber nicht sicher war, welche Möglichkeit die beste war. Er wollte sich von seiner Intuition geführt für alle Möglichkeiten offen halten[76].

Einerseits war Tesla davon überzeugt, dass seine Energieübertragung letztlich die gesamte Erde umspannen könnte und auf stehenden Wellen beruhte. Der Einbezug der Erde war auch bei seinen vorangehenden Anmeldungen ganz entscheidend. Tesla meinte, dass die vielen Ladungsträger in der Erde in Oszillation gebracht und sich stehende Wellen ausbilden können. Andererseits war er der Meinung, dass von seiner Kugelantenne ein ionisierter Ladungkanal bis zur oberen Atmosphärenschicht aufgebaut werden müsse und dass die Erde lediglich die Funktion eines Rückleiters habe[77].

Einbeziehung der Ionosphäre

Nikola Teslas grundlegende Idee bestand darin, über eine mit einer grossen Tesla-Spule beschickte Sendestation einen starken Energiestrahl in den Himmel auszusenden. Dieser sollte in der Lage sein, einen leitenden ionisierten Kanal aufzubauen und mit den oberen atmosphärischen Schichten zu verkoppeln. Andererseits stellte er sich vor, dass an irgendeinem gewünschten Punkt – im Prinzip an vielen Stellen – ein zweiter Ionisationskanal gebildet werden soll, der die Verbindung zu einer terrestrischen Empfangsstation ermöglicht. Auf diese Weise würde sich ein geschlossener Stromkreislauf ergeben.

The closed circuit system consists of a large Tesla coil transmitter, an ionized path connecting the transmitter to the upper atmosphere, the upper atmosphere, a second ionized path connecting the upper atmosphere back down to a receiving location, and the receiver itself. The circuit back to the transmitter is completed through the Earth.

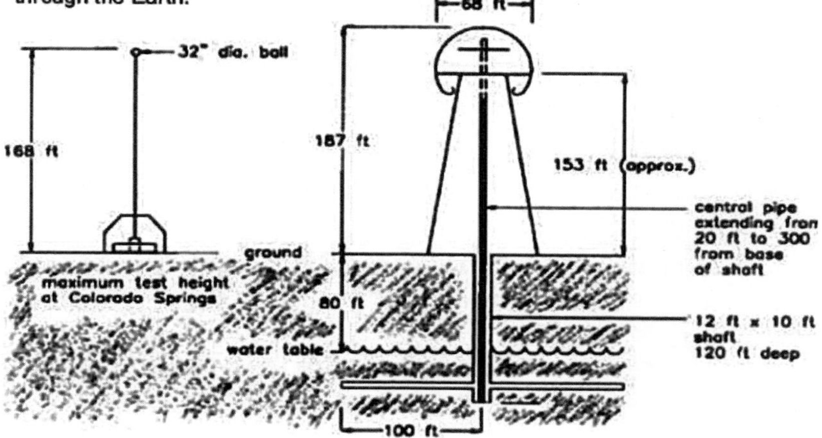

Der Gesamtschaltkreis besteht aus einer grossen Tesla-Sendespule, einem ionisierten Kanal, der die Verbindung zur oberen Atmosphäre herstellt, der oberen Atmosphäre selbst, einem zweiten Ionisationskanal, über den die Verbindung zur Empfängerseite

Der sphärische Erd-Ionosphäre-Bereich besteht einerseits aus der leitenden Erdoberfläche und der unteren Grenze der Ionosphäre. Dazwischen befindet sich eine nichtleitende Schicht von Luftmassen, die über Blitzentladungen

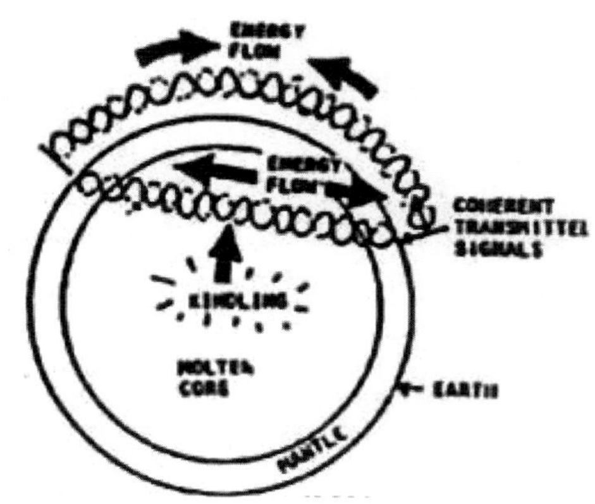

Energieübertragung via Ionophäre unter Einbezug der Erde als gemeinsamem Rückleiter.

oder durch sehr hohe Spannungen, wie Tesla sie verwendet hat, leitend gemacht werden können. Im Prinzip wollte Tesla elektrische Energie über Resonanzabstimmung durch die Erde hindurch in Verbindung mit einer Brücke über einen Luft-Ionosphären-Kanal übertragen.

Die Sende- und Empfangsstationen könnten dabei viele Tausende Kilometer voneinander entfernt sein. Der Strom, der über die obere Atmosphärenschicht fliessen würde, sollte diese zu einer Art künstlichem Nordlicht anregen. Damit könnten die grossen Dampfschiffe bei erhellter Nacht über den Ozean fahren[78].

Terrestrische Übertragung mit Resonanz

Allerdings hatte Tesla die Ausbreitung in der Ionosphäre nur theoretisch konzipiert. Praktisch konnte er die Ionosphäre, die in einer Mindesthöhe von 70 km liegt, damals gar nicht erreichen.

Nikola Tesla wollte, wie er bereits bei seinen früheren Experimenten in Colorado Springs im Jahr 1899 angedeutet hatte, für seine neue Energie-Übertragungstechnik letztlich die gesamte Erde miteinbeziehen. Teslas Konzept unterschied sich wesentlich zur Hertzschen Rundfunktechnik, bei der klassische Transversalwellen ausgestrahlt und empfangen werden. Sein Konzept beruhte auf Longitudinalwellen, bei denen es in Ausbreitungsrichtung Strom- und Spannungsmaxima gibt.

Die Dämpfung in der Ausbreitung ist im Wesentlichen von der Leitfähigkeit der Erde bestimmt. Diese ist zwar gering, doch durch die Grösse der Erdoberfläche bleiben die mittleren Widerstandsverluste gering. Dies beschrieb Tesla in der Zeitschrift "Telegraph and Telegraph Age" vom 16. Oktober 1905 ausführlich.

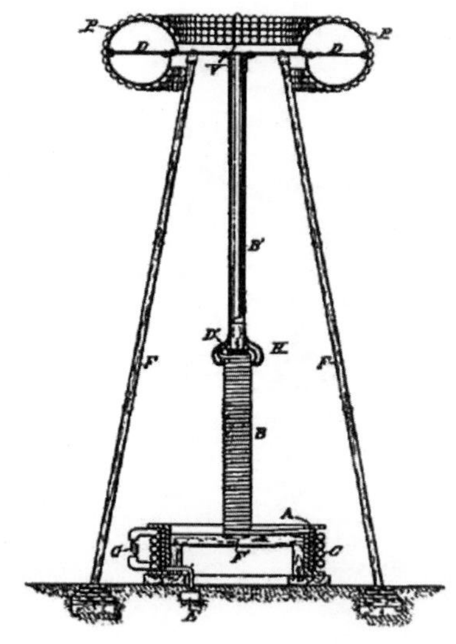
Teslas Sendestation.

In diesem Aufsatz zum Thema "Weltsystem zur drahtlosen Energieübertragung" wies er darauf hin, dass seine Tests mit einem Generator von 1'500 kW gezeigt hätten, dass eine solche weltumspannende Energieübertragungs$technik möglich sei[79].

Aufgrund von Reflexionen der dabei entstehenden Wellen kann an verschiedenen Stellen der Erde, über entsprechende auf Resonanz abgestimmte Empfänger, Energie ausgekoppelt und den Verbrauchern zugeführt werden. Eine solche Technik benötigt keine leitungsgebundene Energieübertragung. Als Empfänger dienten hochempfindliche, also genau auf die Resonanzfrequenz abgestimmte Schaltungen, wie sie in Teslas US-Patent Nr. 787,412 vom 18. April 1905 veröffentlicht wurden[80].

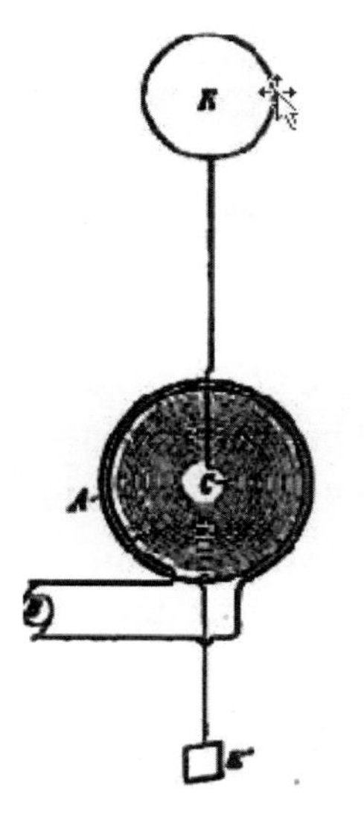
Teslas Empfangsstation.

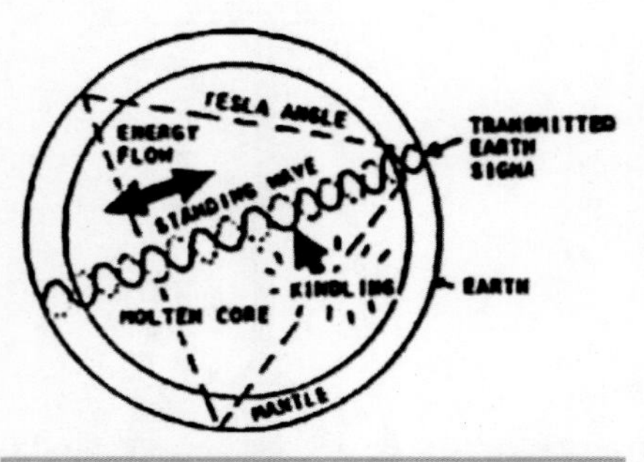

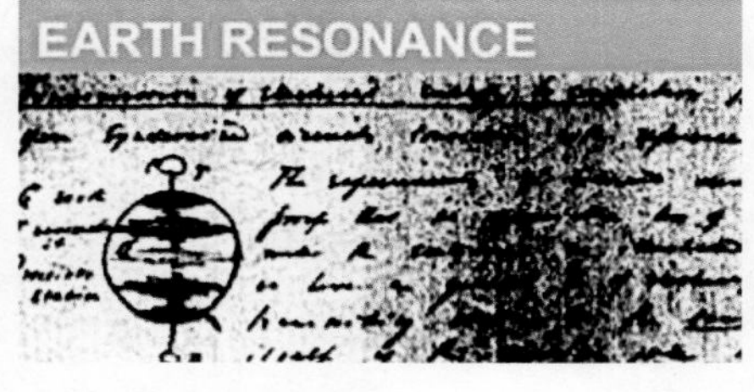

Bei der Übertragung von elektromagnetischer Energie mit einer bestimmten Frequenz ist zudem davon auszugehen, dass sich entsprechend den Maxima einer stehenden Welle bestimmte Resonanzstellen auf der Erde ausbilden, an denen elektromagnetische Energie besonders leicht ausgekoppelt werden kann.

Die eigentliche Energieübertragung durch die Erde entspricht im Prinzip einer leitungsgebundenen Übertragung mit Longitudinalwellen. Der Sender “pumpt” elektrische Energie mit einer Frequenz von z.B. 20…250 kHz in das System, so dass die Elektronen zwischen der Erde und der erhöhten Kugelelektrode hin- und herschwingen.

Tesla hat explizit darauf hingewiesen, dass die Frequenz nicht zu hoch sein darf, damit keine Energie durch Abstrahlung transversaler Hertzwellen verloren geht.

Um ideale Bedingungen zu schaffen, muss die Spannung möglichst hoch, im Bereich von mehrerer Millionen Volt, sein. Für eine optimale Übertragung sollte ausserdem die Länge des Sende- und Empfangsmastes an die Übertragungsfrequenz angepasst werden.

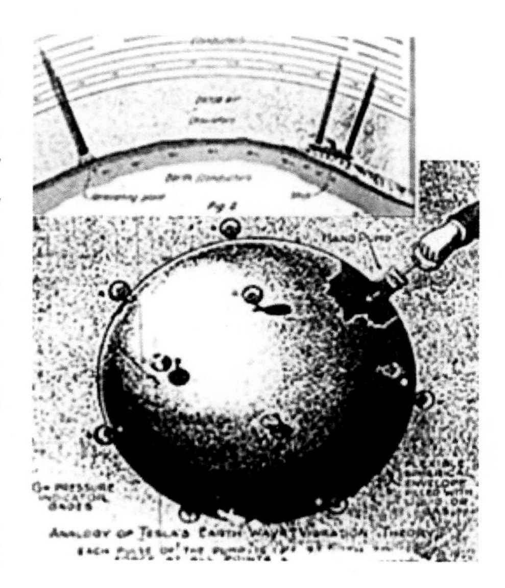

Teslas weltweites Übertragungssystem mit Resonanz-Auskopplungsstellen.

Auf die Vermutung, dass zumindest ein Teil der ausgesandten Energie direkt die Erde durchqueren könnte, kam Tesla, als er merkte, dass nach heftigen Blitzentladungen mit ihren hohen Spannungen und ihrem breiten Spektrum an bestimmten Stellen der Erde auch nach Abklingen der Stürme noch markante Signale detektiert werden konnten.

In der oben genannten US-Patentanmeldung Nr. US787412 bestätigte Tesla, dass seine Longitudinalwellen in der Lage seien, durch den Globus hindurch hin- und zurückzulaufen, wobei die Verzögerung einen Wert von $t = 0{,}08484$ s. erreichte. Die genaue Nachrechnung ergibt eine Laufzeit von $t = 4 * R/c = 2 * 12735/300000 = 0{,}0849$ s. Wenn die Welle nur auf der Erdoberfläche entlang gelaufen wäre, hätte sie sich mit Überlichtgeschwindigkeit bewegen müssen, also mit $v = \pi\ 2 * R * \pi/t = 471'497$ km/s.

Fazit: Die Welle muss sich tatsächlich durch die Erde hindurch ausgebreitet haben, nicht als Welle entlang der Erdoberfläche.

Bei seinen ersten Versuchen in Colorado Springs hatte Tesla vor allem mit Resonanzkreisen sehr hoher Güte gearbeitet. Diese lag im Bereich zwischen 1'000 und 10'000. Damit wurde es möglich, sehr grosse Ströme und Ladungen pulsartig mit der Resonanzfrequenz aus der Erde zu ziehen bzw. zurückzusenden.

Tesla war sich durchaus bewusst, dass die hohen, im Resonanzkreis zwischengespeicherten Blindleistungen, insbesondere bei den verwendeten hohen Spannungen von mehreren Millionen Volt, auch zu unerwünschten Funkenentladungen führen könnten, so dass unter Umständen sogar mit Blitzentladungen und Wetterleuchten in der ganzen Erdatmosphäre zu rechnen wäre.

Moderne Energieübertragung nach Teslas Konzept

Nach wie vor stellt sich die Frage, ob Tesla wirklich erhebliche Mengen elektrischer Energie über grössere Distanzen übertragen konnte. Der Bericht von Teslas Biograf John J. O'Neill, wonach Tesla einmal 200 Glühbirnen zu 50 W aus einer Distanz von 42 km zum Leuchten gebracht habe, ist nirgendwo präzise dokumentiert[81,82]. Es fehlen konkrete Aufzeichnungen von Tesla mit Ort, Datum, der genauen Messmethode, der eingesetzten Sendeleistung, der verbrauchten Empfangsleistung u.ä.

Sergey Plekhanov Leonid Plekhanov

Andererseits stellt sich auch die Frage, ob eine drahtlose Energieübertragung nach dem Konzept von Nikola Tesla theoretisch überprüft und praktisch getestet werden kann. Dies haben zum Beispiel die beiden russischen Physiker Leonid und Sergey Plekhanov vom Moskauer Institut für Physik und Technologie unternommen[83]. Sie gründeten im Jahr 2009 ein entsprechendes Projekt und studierten fünf Jahre lang die einschlägigen Patente und Tagebuchaufzeichnungen von Nikola Tesla.

In ihrer Grundlagenarbeit[84] kamen sie zum Schluss, dass Energie tatsächlich über entsprechende Strom- und Spannungsanregung mit Frequenzen im Bereich von 20 kHz weltweit übertragen werden kann. Tesla war der Überzeugung, dass mit seinem Übertragungsprinzip eine Effizienz von 96% erreicht werden kann. Allerdings hatte Tesla selbst nur Übertragungsversuche mit Distanzen bis zu 20 Meilen durchgeführt.

Übertragungsverluste von lediglich 4%, wie dies Tesla prognostiziert hatte, machen es erforderlich, dass Sende- und Empfangsstationen auf gegenseitige Resonanz abgestimmt sind. Dabei müssen sowohl die sendeseitigen als auch die empfangsseitigen Spulen eine sehr hohe Güte von 10'000:1 und mehr aufweisen. Ohne Resonanz würden sich die Ströme unkontrolliert in alle Richtungen durch das Erdreich ausbreiten und die ohmschen und dielektrischen Verluste jegliche Energieübertragung unmöglich machen.

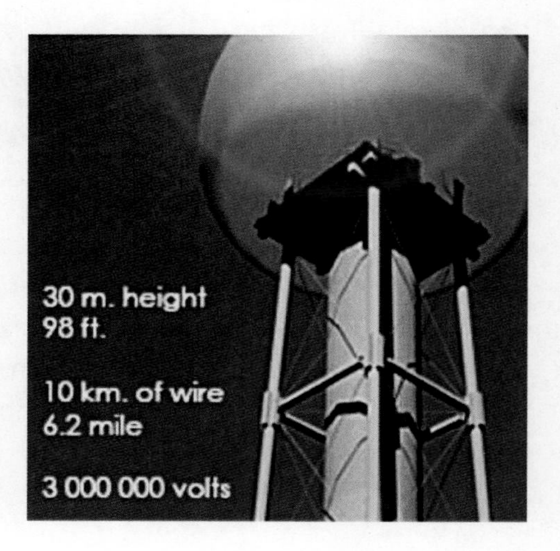

Über ein Crowdfunding[85] versuchten die beiden Brüder die Geldmittel aufzutreiben, um einen Sendeturm mit einer kugelförmigen Antenne – siehe Bild – zu bauen. Dieser wiegt nur 2 Tonnen, während der Wardenclyffe-Turm von Nikola Tesla ein Gesamtgewicht von 60 Tonnen hatte. Von den benötigten 800'000 Dollar kamen indes nur 10% zusammen. Doch über andere Geldquellen gelang es ihnen dennoch, das Projekt voranzutreiben[86].

Projekt Global Energy Transmission hat sich zum Ziel gesetzt, in den nächsten 10 Jahren ein Netzwerk von Energiestationen zur drahtlosen Energieübertragung über grössere Distanzen zu verwirklichen. Dabei geht es primär um kleinere Leistungen, um zum Beispiel Drohnen für den automatischen Paketdienst einsetzen zu können. Weiterhin sollen mobile Kommunikationsgeräte, Roboter, medizinische Geräte und andere Einrichtungen drahtlos mit Energie versorgt werden können als Alternative zu batteriegestützten Einrichtungen. Der Sitz der Firma ist in Woodland im US-Staat Washington[87].

Energieübertragung mittels Zenneck-Wellen

Der deutschstämmige Physiker und Funkpionier Johann Zenneck, auch als Ionosphärenforscher und Miterfinder der Kathodenstrahlröhre bekannt, hatte Nikola Tesla zu dessen 75. Geburtstag (1931) u.a. folgendes geschrieben[88]:

Johann Zenneck 1871-1959

"Von Amerika kam die Kunde, dass Sie in kurzer Zeit Ihren 75. Geburtstag feiern. Lassen Sie mich vor allem Ihnen zu diesem Tag meine herzlichsten Grüsse aussprechen. Als junger Assistent im Physikalischen Institut von Prof. F. Braun – es mag im Jahr 1896 gewesen sein – traf ich in der Bibliothek des Instituts auf das Buch, in dem Thomas C. Martin Ihre Versuche beschrieben hat. Ich habe das Buch verschlungen, etwa wie einen spannenden Roman. Es eröffnete mir eine neue physikalische Welt. Wenige Jahre später kam die drahtlose Telegrafie auf. Ich habe das Buch wieder geholt und Ihre Hochfrequenzversuche eifrig studiert. Es war mir klar, dass Ihre Pionierarbeit auf dem Hochfrequenzgebiet die beste Schule für denjenigen war, der sich mit drahtloser Telegrafie befassen wollte.

Und noch viele Jahre danach bin ich immer wieder zu dem Buch und zu anderen Veröffentlichungen über Ihre Versuche zurückgekehrt. Ich hatte mich überzeugt, dass viele Gedanken, die bei der Entwicklung der drahtlosen Telegrafie auftauchten, schon unter der Fülle Ihrer Gedanken und Versuche enthalten waren. Der Weltkrieg führte mich unter schwierigen Verhältnissen in die Vereinigten Staaten. Es war für mich ein besonderes Ereignis, mit Ihnen in Berührung zu kommen. ... Die Stunden, die ich mit Ihnen zusammen sein durfte, werden für mich stets eine der schönsten Erinnerungen meines Lebens sein."

Zenneck hatte bereits anfangs des letzten Jahrhunderts den Einfluss des Erdbodens auf eine ebene Welle berechnet und dies 1907 in den Annalen der Physik publiziert[89]. Es gelang ihm damals als Erstem, die Ausbreitung elektromagnetischer Wellen auf der Basis der Maxwellschen Gleichung im Falle verlustbehafteter Bodenstrukturen auszurechnen. Allerdings hatte er nicht angegeben, mit welcher Antennenform solche Bodenwellen erzeugt werden könnten. Daher bezweifelten viele spätere Forscher, ob diesen Art Wellen überhaupt eine physikalische Realität zukommen könne[90,91].

Zennecks Schüler, Dr.-Ing. Georg Goubau, der an dessen Physik-Abteilung an der TU München von 1931 bis 1939 unterrichtete, war Spezialist für die Erforschung der Ionosphäre und publizierte später einen Artikel über die "Zennecksche Bodenwelle". In diesem Betrag, der 1951 in der "Zeitschrift für Angewandte Physik" erschienen war, hatte er dargelegt, dass diese Wellen genau so real sind und auch erzeugt werden können wie jeder andere Wellentyp. Aufgrund der Tatsache, dass Bodenwellen und Raumwellen stets orthogonal zueinander stehen, lässt sich die Amplitude einer Bodenwelle recht einfach ausrechnen und mit einem offenen Wellenleiter problemlos erzeugen, ähnlich wie bei einer Zweidraht-Übertragungsleitung[92].

Zwei Jahre nach Zennecks erster Publikation hatte der Mathematiker und Physiker Arthur Sommerfeld festgestellt, dass jede elektromagnetische Welle zwei Komponenten enthält. Einerseits ist dies die bekannte Hertzsche Transversal- oder Raumwelle und andererseits die Oberflächenwelle. Welchen Anteil die jeweiligen Komponenten haben, hängt von der verwendeten Antenne ab. Er konnte auch nachweisen, dass seine Lösung zur Öberflächenwelle genau den Ergebnissen entsprach, die Zenneck 1907 berechnet hatte[93].

Zehn Jahre später befasste sich der Physiker, Mathematiker und Philosoph Hermann Weyl ebenfalls mit dem Thema, benutzte aber einen anderen Lösungsansatz[94]. Er betrachtete Sommerfelds Ergebnis mehr oder weniger als willkürlich und stellte die physikalische Realität der Zenneck-Wellen in Frage.

In den dreissiger Jahren des letzten Jahrhunderts hatten die beiden Wissenschaftler C.R. Burrows von den Bell Labors und Kenneth Norton von der neu gegründeten FCC (Federal Communications Commission) auf dem Seneca-See bei New York Messungen durchgeführt und festgestellt, dass mit normalen Standard-Dipolantennen nur die üblichen Hertzschen Wellen ausgestrahlt und empfangen werden konnten. Im übrigen glaubte Norton, dass in Zennecks bzw. Sommerfelds theoretischem Ansatz ein Vorzeichenfehler passiert sei, was erklären würde, weshalb keine Oberflächenwellen entdeckt werden konnten[95]. Die Frage, ob es Oberflächenwellen im Sinne von Zenneck wirklich geben könne oder nicht, wurde Jahrzehnte später erneut diskutiert, so z.B. im Jahr 1950 von Kahan und Eckart[96].

Allgemein war bekannt, dass sich übliche Hertzsche Wellen nur in Sichtweite ausbreiten und nicht der Erdkrümmung folgen können. Daher waren die wissenschaftlichen Experten Anfang des letzten Jahrhunderts überrascht, als es Guglielmo Marconi im Jahr 1903 gelang, mittels Funkwellen eine transatlantische Kommunikation aufzubauen und Telegramme auszutauschen. Man spekulierte zwar damit, dass die Funkwellen vielleicht an der Ionosphäre reflektiert wurden, doch die Empfindlichkeit der Empfänger war viel zu gering, um solche reflektierten Wellen auswerten zu können.

In einer Zusammenstellung zu Marconis Experimenten erinnerte der britische Radiopysiker John Ashworth Ratcliffe daran, dass Marconi selber die Idee hatte, dass die Meeresoberfläche wie ein Wellenleiter wirken könnte und sich darüber Zennecksche Oberflächenwellen ausgebreitet haben könnten. Möglicherweise sei eine Kombination dieser Wellen mit den Hertzschen Wellen der Grund dafür, dass seine transatlantischen Funkverbindungen funktionierten[97].

Im Jahr 1979 veröffentlichten die beiden Autoren Hill & Wait eine Studie, auf welche Weise Zenneck-Oberflächenwellen erzeugt und abgestrahlt werden können. In dieser Arbeit zeigten sie auf, dass die Ausbreitung in z-Richtung, also z.B. senkrecht nach oben, exponentiell gedämpft wird, dagegen in radialer Richtung bei Vorhandensein von Oberflächenströmen ähnlich wie bei einem linearen Leiter verläuft, also sich quasi

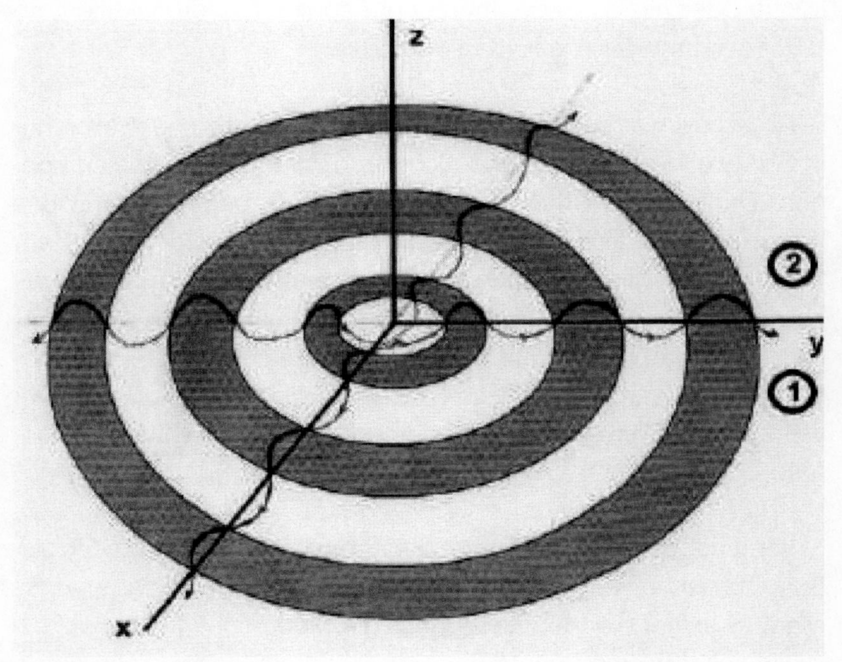

Radial sich ausbreitender Oberflächenstrom in der x-y-Ebene bzw. im r-j-Koordinatensystem

longitudinal ausbreitet mit Verdichtungs- und Verdünnungszonen. Es gibt in diesem Fall keine Strahlungskomponenten wie bei einer Hertzschen Rundfunkwelle[98].

Anfang des zweiten Jahrtausends publizierten der Experimentalphysiker Kenneth L. Corum und sein Bruder, der Elektroingenieur Dr. James F. Corum, neue Forschungsarbeiten über eine drahtlose Energieübertragung auf der Grundlage von Teslas Grundlagenexperimenten und der Erkenntnis von Jonathan Zenneck. Sie sind völlig davon überzeugt, dass es in naher Zukunft möglich sein wird, Energie sicher und störungsfrei zu jedem Punkt der Erde zu senden, ohne dass hierzu ober- oder unterirdische Stromleitungen benötigt werden[99]. Sie konnten auch mathematisch bestätigen, dass Zennecks exakte Lösungen der Maxwell-Gleichungen völlig richtig waren und keinen Vorzeichenfehler enthielten, wie Norton in den dreissiger Jahren des letzten Jahrhunderts vermutet hatte[100]. Dies wurde auch von zwei weiteren Forschern bestätigt[101].

Im Jahr 2014 überprüften die Brüder Corum nochmals die Experimente auf dem Seneca-See bei New York aus dem Jahr 1936 und führten eigene Tests durch. Sie konnten nachweisen, dass mit geeigneten Antennen tatsächlich Oberflächenwellen ausgestrahlt werden können. Deren Feldstärken waren am Empfangsort um Grössenordnungen höher, als man sie bei konventionellen Hertzschen Rundfunkwellen erwarten würde[102].

Kenneth L. Corum, B.A. in Physik, Engineering graduate studies.

Dr. James E. Corum, Ph. D. in electrical Engineering, Life Senior Member IEEE

Im US-Patent 20140252886 mit dem Titel “Excitation and use of guided surface wave modes on lossy media” beschreiben die beiden Erfinder Details zur Ausbreitung von Zenneck-Wellen. In dieser Anmeldung finden sich zahlreiche Varianten für Sende-Schaltungen zur Erzeugung von Oberflächenwellen. Als Antennen dienen im Beispiel rechts kugelförmige Anordungen, deren

Kapazität zusammen mit passenden Induktivitäten einen Resonanzkreis bilden, der vom Sendeschaltkreis mit der Resonanzfrequenz erregt wird.

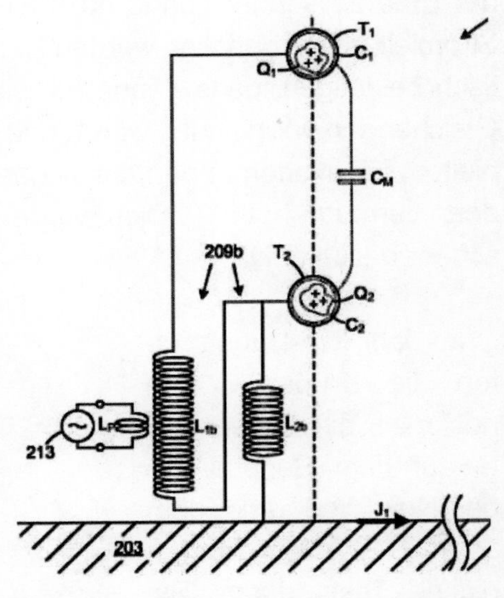

Beispiel einer Sendeschaltung, unten ein Beispiel einer Empfangsschaltung.

Auf der Empfangsseite - siehe nebenstehende Zeichung - finden sich ebenfalls kugelförmige Antennen, die stark an die Technologie erinnern, wie sie von Nikola Tesla eingesetzt wurden. Man kann daher vermuten, dass Nikola Tesla mit seiner Übertragungstechnik vor allem Oberflächenwellen ausgesandt hat, die als Longitudinalwellen tatsächlich eine sehr geringe Dämpfung aufweisen, wenn die Ausbreitungsparameter geeignete Werte aufweisen und die Frequenz nicht zu hoch gewählt wird.

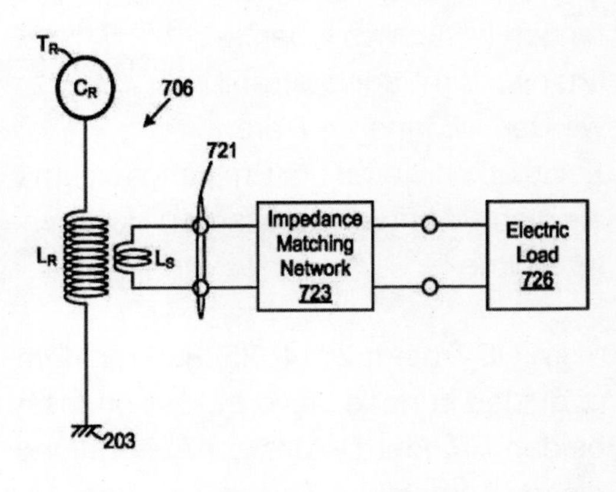

Insofern ist auch verständlich, dass Johann Zenneck von Teslas Experimenten in der drahtlosen Telegrafie und Energieübertragung besonders beeindruckt war. Sie schienen ja mehr oder weniger Zennecks Berechnungen zu bestätigen, wenngleich dieser selbst nicht die Möglichkeit hatte, eigene Experimente durchzuführen.

Im US-Patent sind auch Diagramme abgebildet, in denen die Reichweite der Zenneck-Oberflächenwelle im Vergleich zur Hertzschen Rundfunkwelle klar wird. Im folgenden Beispiel ist die Empfangsfeldstärke über der logarithmisch angegebenen Ausbreitungs-Distanz bei einer Frequenz von 1 MHz aufgetragen. Die Empfangsfeldstärke ist in Dezibel[103] angegeben, bezogen auf eine Sendefeldstärke von 1 mV/m im Abstand von 1 m vom Sender.

Die untere Kurve zeigt die Feldstärke der normalen Rundfunkwelle, wobei die Feldstärke linear mit der Entfernung nach dem Gesetz 1/r abnimmt. Die Leistung geht mit dem Quadrat der Feldstärke zurück, also mit $1/r^2$. Die obere Kurve entspricht der Ausbreitung einer Zenneckwelle, die mit Ausbreitung einer geführten Welle längs eines linearen elektrischen Leiters identisch ist. Die Feldstärke reduziert sich nach einer exponentiellen Kurve nach dem Gesetz $e^{-\alpha * d}$/SQR(d).

Der Faktor α entspricht einem Dämpfungsfaktor, der von der Frequenz und den Dämpfungseigenschaften des Mediums (Relative Permittivität und Leitwert) abhängig ist. Für Frequenzen von 10 MHz, 1 MHz und 0,1 MHz wird für die Ausbreitung auf der Erdoberfläche eine relative Permittivität von 15 angenommen und ein Leitwert von σ = 0,008 mhos/m. Der Parameter d entspricht der Entfernung in km, SQR bedeutet die Wurzel (Square Root).

Es zeigt sich, dass zum Beispiel in einer Entfernung von 100 m die Feldstärke der Zenneckwelle nur etwa 1 dB, d.h. von 1 mV/m auf etwa 0,89 mV/m absinkt. Im Vergleich dazu reduziert sich die Feldstärke der Rundfunkwelle bereits auf einen Wert von -59 dB,

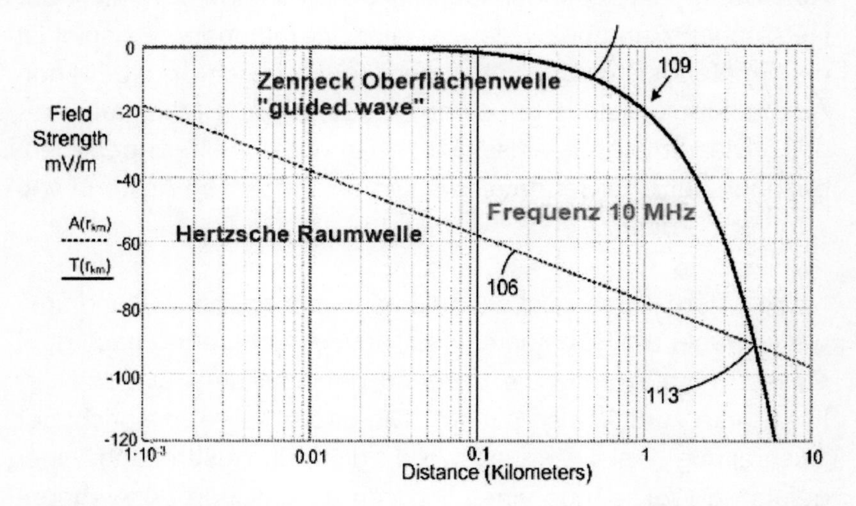

Dämpfung der Feldstärke über der Distanz bei einer Raumwelle und einer Oberflächenwelle.

also auf fast 1/1000 mV/m. Das bedeutet, dass die Empfangsleistung der Rundfunkwelle fast auf -60 dB absinkt, also um 1 Millionstel kleiner als am Sendeort ist.

Bei einer Entfernung von 1 km wird die Feldstärke bei der Zenneckwelle nur um 20 dB gedämpft, beträgt also noch 1/10 mV/m, während sie bei der Rundfunkwelle fast 80 dB niedriger ist, also nur noch wenig mehr als 0,1 Milliardstel der Sendeleistung ankommt.

Erst bei noch grösseren Entfernungen treffen sich die beiden Kurven, und die Feldstärken und Leistungen der Zenneckwelle nehmen bei grösseren Entfernungen sehr viel schneller ab als die Rundfunkwelle. Im Beispiel einer Frequenz von 10 MHz liegt dieser Kreuzungspunkt bei 4,7 km und einer Feldstärkereduktion um 90 dB.

Im folgenden wird gezeigt, wie die Abhängigkeiten bei 10 MHz, 1 MHz, 0,1 MHz und 0,01 MHz (= 10 kHz) verlaufen. Je tiefer die Frequenz, desto vorteilhafter ist die Zenneckwelle.

Im Fall einer Übertragungsfrequenz von 10 MHz liegt der Kreuzungspunkt der beiden Kurven bereits bei 2,4 km. In beiden Fäl-

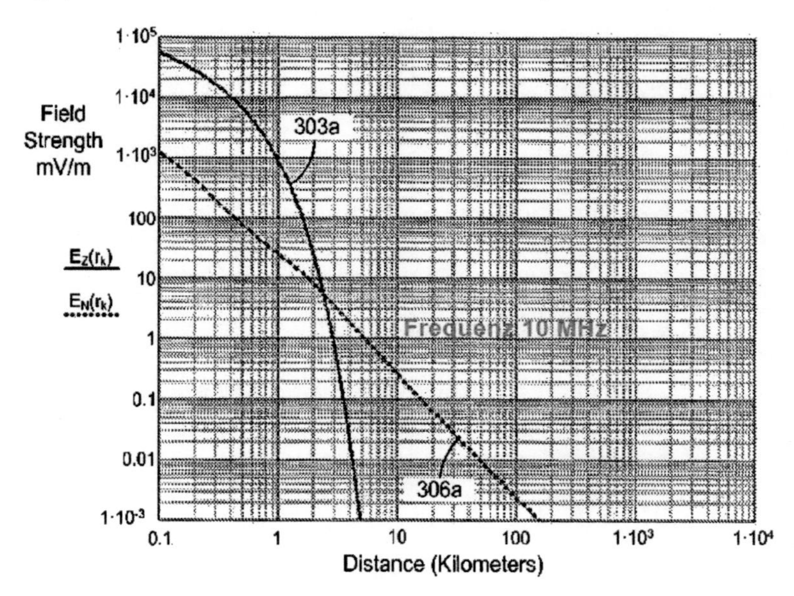

len ist hier die Feldstärke von ca. 60 V/m auf ca. 5 mV/m, also auf 1/12'000, abgesunken. In einer Entfernung von 100 m beträgt die Feldstärke der Zenneck-Welle rund 60 V/m, während die Rundfunkwelle bereits auf 1,2 V abgesunken ist, also auf 1/50, d.h. die Leistung ist dort um den Faktor 50*50 = 2'500 geringer. Auf der x-Achse ist jeweils die Reichweite in km eingetragen.

Bei einer Übertragungsfrequenz von 1 MHz schiebt sich der Kreuzungspunkt um das 50-fache weiter hinaus auf etwa 120 km. Es ist bereits gut erkennbar, dass bis etwa 2 km auch die Zenneck-Kurve linear verläuft mit einer Absinkrate der Feldstärke von 2 V/km. Der sogenannte "Knickpunkt" der Kurve liegt bei 33 km, wo die Feldstärke von 2,7 V/m (bei 0,1 km) auf

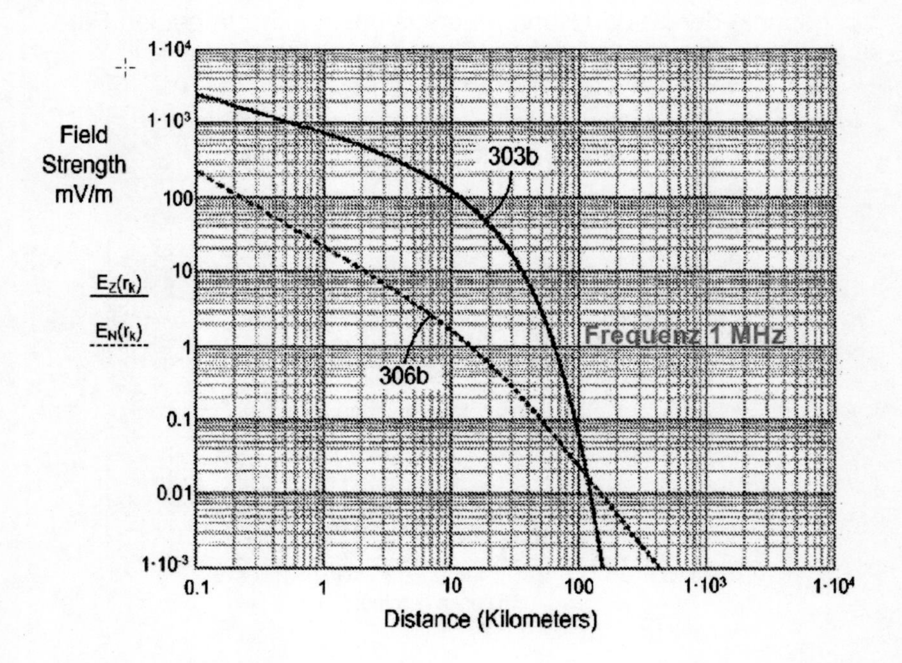

13 mV/m abgesunken ist, also auf 1/208. Bei der Rundfunkwelle beträgt hier der Empfangswert 0,25 mV/m von einem Ausgangswert von 230 V/m bei 0,1 km. Der Feldstärkerückgang beträgt hier also 1/920'000.

Schliesslich zeigt die Zenneck-Kurve bei der Frequenz 100 kHz, also 0,1 MHz, dass der lineare Anteil von Beginn an noch länger verläuft und der Knick erst bei 1'500 km einsetzt. An dieser Stelle ist die Feldstärke auf 0,17 mV abgesunken, also auf 1/471 gegenüber dem Wert von 80 mV bei 100 m.

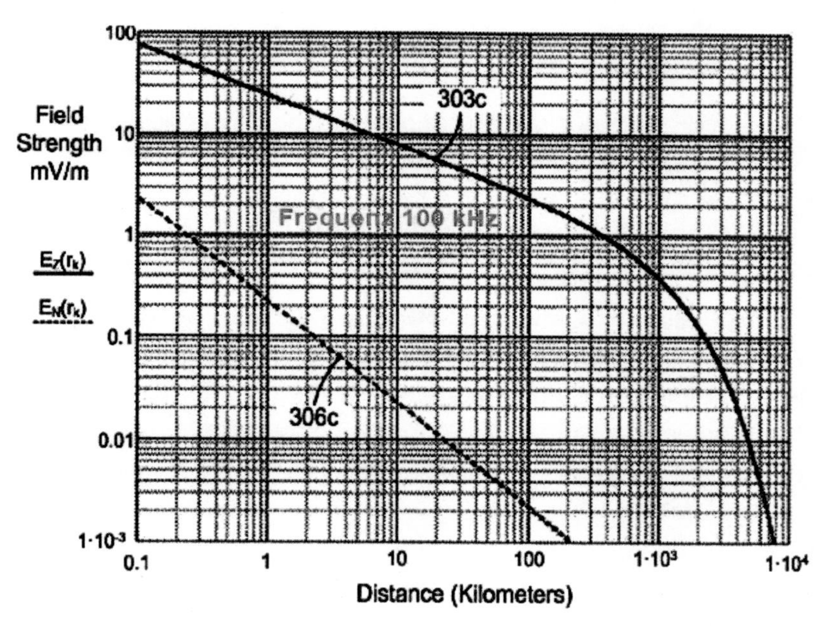

Aus den Beispielen ist ersichtlich, dass um so grössere Reichweiten überbrückt werden können, je tiefer die Sendefrequenz eingestellt wird. Die folgende Übersicht zeigt tabellarisch die ungefähre Position des Knickpunktes und die Reduktion der Feldstärke bzw. Leistung in dB.

f [kHz]	Knickpunkt [km]	Feldstärke [dB]	Leistung [dB]
10 000	1	-38	-58
1 000	33	-46	-66
100	1 500	-53	-73
10	33 333	-59	-79

Bei 10 MHz liegt der Knickpunkt bei 1 km, bei 1 MHz liegt er bei 33 km, bei 100 kHz bei 1'500 km und bei 10 kHz dürfte er bei 33'333 km liegen.

Somit kann prognostiziert werden, dass Oberflächenwellen, die sich auch auf dem Meer ausbreiten, mit einer Sendefrequenz etwas unterhalb von z.B. 20 kHz problemlos die Antipoden erreichen. Beim halben Erdumfang von 20'000 km dürfte die ursprüngliche Sendeleistung um etwa 76 dB gedämpft ankommen, ist also reduziert auf $1/10^{76/10}$ = 1/40 Millionstel. Dies reicht für eine Kommunikation ohne weiteres aus, ist aber zur Übertragung elektrischer Leistung ungeeignet. Natürlich kann ein solches System optimiert werden, indem mittels geeigneter Antennen die Ausstrahlung nicht rundherum über alle 360 Grad erfolgt, sondern nur in einem bestimmten Winkel- bzw. Sektorausschnitt.

Zukunft der elektrischen Energieübertragung

Vor allem aus Gründen der Versorgungssicherheit ist es nicht empfehlenswert, elektrische Energie zentralisiert von wenigen Gross-Energieanlagen wie AKWs oder gigantischen Windenergieparks in die elektrischen Netze einzuspeisen. Mehr und mehr setzt sich die Auffassung durch, dass ähnlich wie beim Internet

eine engmaschige Vernetzung Vorteile bietet. In diesem Fall müssen Energiestationen vor allem dezentralisiert mit wenigen Dutzend oder Hundert Megawatt zur Verfügung stehen und ihre Leistung ins Nahversorgungsnetz einspeisen.

Als Alternative zur leitungsgeführten Stromübertragung werden heute verschiedene Möglichkeiten getestet, wie mittels Oberflächenwellen effizient und drahtlos Energie übertragen werden kann. Die Schlüsseltechnologie hierzu entwickeln und vermarkten vor allem die amerikanischen Firmen Texzon Technologies[104] bzw. Texzon Utilities[105] . Die Vision dieser Firmen, die sich auf Teslas Vision einer weltweiten drahtlosen Energieübertragung berufen, wird auch in einem youtube-Film präsentiert[106]. Die Kapitalausstattung läuft über das Unternehmen Kingdom Wireless Power[107] bzw. die Firma Kingdom Investment[108] .

Für eine dezentrale Energieversorgung von Städten und Industriezentren reichen drahtlose Übertragungsstrecken aus, die kaum mehr als wenige hundert Kilometer überspannen müssen. Mit dem Konzept der Oberflächenwellen-Übertragung wird es in naher Zukunft möglich sein, ohne aufwendige und kostspielige oberirdische Leitungen oder unterirdische Kabel Energie im Megawattbereich zu übertragen.

Wie die Rechnungen gezeigt haben, wird die Feldstärke bei einer Betriebsfrequenz von 100 kHz und omnidirektionaler Übertragung in einer Distanz von 100 km um etwa 30 dB gedämpft, d.h. die Leistung geht um 50 dB zurück. Bei gerichteter Ausstrahlung, z.B. in einem begrenzten Winkel von 15 Grad, wird die Energie um den Faktor 24 mehr gebündelt, die Empfangsleistung also um $20 \cdot \log^{24}$, fast 30 dB angehoben. Ähnlich, wie das Tesla empfohlen hatte, sind aber tiefere Frequenzen, z.B. 20 kHz, noch geeigneter für eine drahtlose Energieübertragung. Man kann daher davon ausgehen, dass selbst über Strecken von 100 km noch ein beachtlicher Anteil der ausgestrahlten Energie beim Empfänger ankommt.

Wie der Senior-Vizepräsident von Texzon Technologies LCC, Major General Richard T. Devereaux, in einem Artikel geschrieben hat, eignet sich das neue Energieübertragungskonzept v.a. in Bereichen mit verletzungsanfälliger Infrastruktur oder für Verteilungs-Strukturen[109]. Die Oberflächenwellen-Energieübertragung lässt sich viel redundanter und sicherer aufbauen, weil keine Leitungsmasten oder Hochspannungs-Transformatoren mehr benötigt werden. Totale Blackouts nach Katastrophen oder aufgrund starker kosmischer Einstrahlungen lassen sich so vermeiden. Vor allem aber können Drittweltländer, die bisher keine zuverlässige Stromversorgung haben, mit dieser Technologie schnelleren und besseren Zugang zu einer sicheren Energieversorgung bekommen.

Eine derartige Energieübertragung könnte Nikola Tesla bereits 1931 eingesetzt haben, um seinen auf Elektroantrieb umgebauten Pierce Arrow 8 drahtlos über grössere Distanzen betreiben zu können. Ob er oder jemand in seinem Auftrag auch die erforderlichen Strukturen für eine Sendeanlage organisiert hat, lässt sich heute kaum mehr herausfinden.

Raumenergie zum Antrieb eines Autos

Manche Aussagen Nikola Teslas deuten darauf hin, dass er davon ausging, dass überall im Raum eine Art von Energie vorhanden ist, die auch technisch genutzt werden kann. Er sagte einmal: *"Wir werden keine Notwendigkeit haben, überhaupt Energie zu übertragen. Noch ehe viele Generationen vergehen, werden unsere Maschinen von einer Kraft betrieben werden, die an jeder Stelle im Universum verfügbar ist... Dann ist es nur eine Frage der Zeit, bis es dem Menschen gelingen wird, seine Maschinerie an das eigentliche Räderwerk der Natur anzuschliessen."* Diese Hoffnung formulierte er in seinem Beitrag "Experiments With Alternate Currents Of High Potential And High Frequency" (February 1892)[110].

Zwei Jahre später fasste Tesla seine Vision in die Worte[111]: *"... Ich hoffe, so lange zu leben, bis ich fähig sein werde, eine Maschine mitten in den Raum zu stellen und sie durch keine weitere Wirkkraft in Bewegung zu setzen als durch das bewegende Medium um uns herum."* Vielleicht war es tatsächlich so, dass Nikola Tesla zum Antrieb seines Pierce Arrow 8 gar keine Energieübertragung benötigte, indem sein Spezialempfänger die erforderliche Energie direkt aus dem Vakuumfeld gewinnen konnte. Diese Vermutung wird durch Teslas Aussage[1] in der "New York Harald Tribune" vom 9. Juli 1933 bestätigt, wonach *"in nicht allzu ferner Zeit eine neue Art von Energie genutzt werden kann, die überall zur Verfügung steht".* Möglicherweise hatte er den Schlüssel zur Konvertierung dieser neuen Art von Energie schon einige Jahre vorher entdeckt und in seinem umgebauten Pierce Arrow praktisch getestet.

Zuweilen sprach Tesla auch von einer Art "Ätherenergie", die überall im Raum vorhanden sei. Ja, er behauptete sogar bereits 1897, dass er eine dynamische Theorie der Gravitation in allen Details ausgearbeitet habe und hoffe, diese bald der Welt übergeben zu können. Tesla war davon überzeugt, dass die Energie aus dem "Äther" nicht nur für Land- und Seefahrzeuge, sondern auch zum Antrieb von Flugzeugen genutzt werden kann.

In späteren Jahren hat er sogar ein Konzept zu einem Hochspannungsgenerator entwickelt, der zum Betrieb einer Strahlenwaffe diente. Dieser Generator war, wie Tesla sagte, "self-existing", das heisst, er erzeugte die benötigte Energie zu dessen Betrieb komplett eigenständig, also ohne äussere Energiezufuhr. In seiner Korrespondenz vom 1. März 1941 mit Sava Kosanovic, seinem Neffen, bestätigte Tesla, dass der Generator zwar zum Starten eine Anfangsenergie benötigte, dann aber seine eigene Energie produzierte. Dies funktionierte so lange, bis er gestoppt wurde oder wenn irgend ein Fehler auftrat[112].

Ob er im hohen Alter von 85 Jahren tatsächlich solch einen Generator gebaut hatte oder einen solchen bauen liess, ist eher unwahrscheinlich. Vermutlich hatte er das Konzept dazu, wie viele seiner Erfindungen, einfach in seinem Geist visionär und detailreich antizipiert und war dann von der Machbarkeit völlig überzeugt.

1941, zwei Jahre vor seinem Tod Anfang 1943, soll Tesla auch das Konzept zu einem "Space Drive", also Raumantrieb, entwickelt haben, eine Art anti-elektromagnetisches Feld-Antriebs-System[113]. Schon 32 Jahre vorher, am 11. September 1911, hatte die "New York Sun" unter dem Titel "Tesla verspricht grossartige Dinge" seine Vision einer völlig neuen Art von Flugtechnik abgedruckt. Laut Teslas Prophezeiung werden die künftigen Fluggeräte völlig anders aussehen als konventionelle Flugzeuge oder Ballone. Sie seien diskusförmig und könnten ruhig in der Luft stehen bleiben, unbeeinflusst von Winden noch von Luftlöchern.

Energieabsorption über Resonanzaufschaukelung

Der US-amerikanische Erfinder Donald Lee Smith bzw. Mitarbeiter seiner Firma TransWorld Energy haben die Technologien, wie sie Nikola Tesla beschrieb, seit dem Jahr 1987 ausführlich studiert. Laut seinen Aussagen geht das Wissen zu derartigen Technologien sogar weit vor die Zeit Teslas zurück, und zwar bis auf das Jahr 1820.

Donald Lee Smith mit seiner HF-Schaltung.

Näheres über die ursprüngliche Quelle ist nicht zu erfahren. Heute gebe es in der Welt schon zahlreiche Geräte, die Freie Energie aus dem Raum umsetzen können.

Vor Jahren schrieb er, dass sein elektronisches Buch "The Smith Generator" (2002) schon 40'000 mal bestellt und in zahlreiche Sprachen übersetzt worden sei, u.a. in Japanisch, Arabisch, Portugiesisch, Französisch, Italienisch und Russisch[114]. Erhältlich ist das Buch via Google unter dem Stichwort "The Smith Generator – Project Avalon".

Auf seiner Webseite, die heute nicht mehr aktiv ist, schilderte Smith ausführlich sein Resonanz-Energiekonzept und lieferte detaillierte Konstruktionsunterlagen[115, 116].

Geräte, die nach diesem Verfahren funktionieren, seien keineswegs sogenannte "Perpetuum Mobile", wie oft fälschlicherweise bzw. aus Unwissen heraus behauptet werde[117]. Vielmehr existiere überall in unserer räumlichen Umgebung eine unerschöpfliche Energie, die genutzt werden könne. Dazu brauche es Verfahren, um die Resonanz, in der diese Energie permanent schwingt, zu stören, das heisst, aus dem Ungleichgewicht zu bringen. Dann sei es möglich, einen positiven Anteil der Raumenergie auszukoppeln. Dazu sei keine mechanische Bewegung erforderlich, lediglich eine geeignete elektronische Schaltung. Ein Beobachter werde zwar die Effekte der Energietransformation über magnetische Resonanz sehen, doch ohne spezielle Messgeräte liesse sich der Energiefluss nicht erfassen. Auf youtube findet sich auch ein Interview mit Don Smith[118]. Er hat auf seiner früheren Webseite mehrere Ausführungen der Don-Smith-Generatoren angeboten, die für verschiedene Länder unterschiedlich gebaut waren[119]. Ob und wie viele derartige Ge räte effektiv vermarket wurden, ist allerdings nicht bekannt.

Der Autor dieses Buches hat sich für einen geringen Betrag die Nachbauanleitung besorgt und mit dem Nachbau – teilweise im Rahmen einer Gruppenarbeit der Schweiz. Vereinigung für Raumenergie – begonnen. Allerdings zeigte sich bald einmal, dass der Aufbau entsprechender Schaltungen nicht ganz einfach ist. Einerseits muss dafür gesorgt werden, dass alle Komponenten und Drahtelemente, die Hochspannungen von etwa 35 kV führen, ausreichend isoliert sind. Andererseits muss sichergestellt werden, dass die Bauelemente und Drahtführungen die hochfrequente Energie nicht wie Antennen innerhalb des Schaltungsaufbaus abstrahlen, was zu unerwünschten Kopplungen führen kann.

Eine besondere Herausforderung ist es auch, die hochfrequenten Hochspannungs-Signale messtechnisch präzise zu erfassen und auszuwerten. Einerseits werden Hochspannungstastköpfe benötigt und andererseits auch Oszilloskope, mit denen sich höhere Frequenzen von 50 MHz bis 100 MHz, bedingt durch die steilen Flanken der Funkenstrecken, genau auswerten lassen.

Aufbau eines Don-Smith-Generators

Die Schaltungen von Don Smith und die verschiedenen Varianten haben Ähnlichkeit mit dem ursprünglichen Konzept von Nikola Tesla (1901)[120,121,122]. Ein Kondensator wird auf hohe Gleichspannung aufgeladen, die dann über einen oszillierenden Schalter auf die Primärspule eines Transformators geführt wird.

Im Jahr 1925 erhielt Herman Plauson ein Patent für ein ähnliches Konzept – siehe nachfolgende Seite. Auch hier wird eine hohe Spannung, die aus der Atmosphäre stammt, über eine parallel geschaltete Entladungsstrecke zyklisch entladen und über einen Step-Down-Transformator auf die Betriebsfrequenz eines Elektromotors geführt[123].

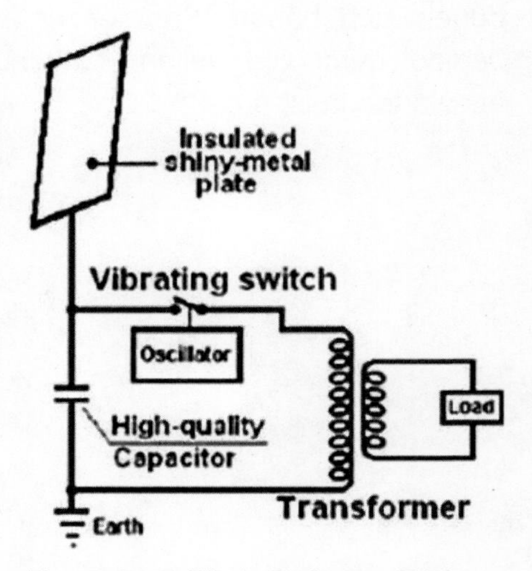

Konzept von Nikola Tesla von 1901.

Grundsätzlich wird bei diesem Konzept eine Spannung von ca. 30 kV über eine Funkenstrecke periodisch auf einen Tesla-Trafo entladen. Diese Entladungsimpulse bewirken kurzzeitig höchstfrequente Schwingungen der aufeinander abgestimmten Primär- und Sekundär-Teslaspulen.

Bei diesem Prozess wird laut dem theoretischen Modell das Quanten-Vakuum polarisiert und dazu angeregt, zusätzliche Energie (Elektronen) aus dem Umgebungsfeld in das System einzukoppeln.

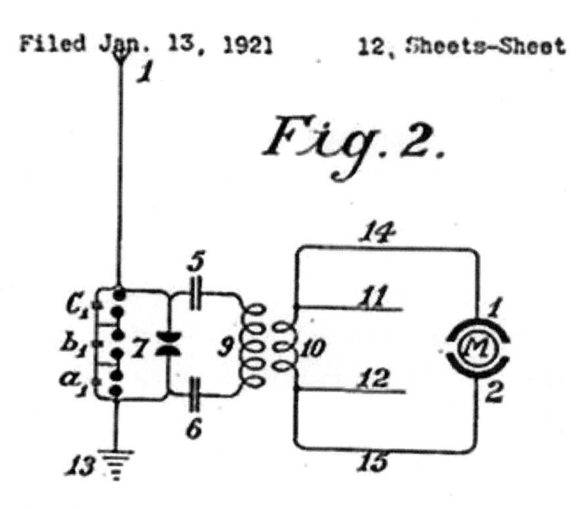

Schaltung aus der Patentveröffentlichung vom 9. Juni 1925 von Herman Plauson.

Bemerkenswert bei der Don-Smith-Schaltung ist, dass sich bei Auskopplung der Energie von den Ladekondensatoren keine Rückwirkung auf den Eingangskreis ergibt. Es zeigte sich, dass die ausgekoppelte Energie ein Mehrfaches der Energie beträgt, die zur Erzeugung der Hochspannung erforderlich ist. Damit wird es möglich, eine derartige Schaltung ohne zusätzliche konventionelle Energiequelle zu betreiben. Es wird einfach ein Teil der ausgekoppelten Energie, z.B. über eine Pufferbatterie, zurückgeführt und zum Betrieb der Hochspannungsquelle benutzt.

Ausführliche Informationen zum Generator von Don Smith finden sich u.a. in der Sammlung von Patrick J. Kelly[124], in der Zusammenstellung des russischen Forschers Vladimir Utkin[125], auf einer Übersicht[126] diverser Nachbauten des Don-Smith-Generators sowie in einer Grundsatzübersicht verschiedener Schaltungen[127].

Eine kritische Beurteilung schreiben die Verfasser der Webseite “psiram”, v.a. deshalb, weil die "Energiezufuhr", die für die Zusatzenergie am Generatorausgang verantwortlich sein soll, nicht näher erläutert bzw. deren Existenz theoretisch bewiesen wird[128].

Die prinzipielle Schaltung basiert auf einer Hochspannungsquelle, die gleichzeitig eine Hochfrequenz im Bereich von 30 kHz erzeugt. Solche Elektronikschaltungen gibt es zur Ansteuerung von Leuchtstofflampen. Diese werden entweder direkt am Netz angeschlossen oder mit einem vorgeschalteten Wechselrichter aus einer Batterie gespeist. Durch Zwischenschalten eines Regeltrafos lässt sich die Höhe der erzeugten Hochspannung in gewissen Grenzen steuern. Das entscheidende Element ist eine Funkenstrecke am Ausgang, wodurch sehr steile Spannungsimpulse auf den nachgeschalteten Hochfrequenz-Transformator geführt werden. Durch die steilen Flanken der Impulse soll nach der Vorstellung von Don Smith bzw. Nikola Tesla zusätzliche Energie aus

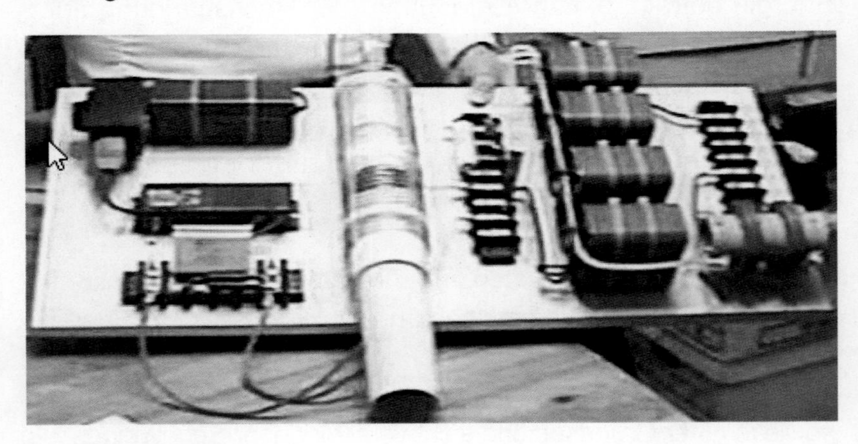

Don-Smith-Generator.

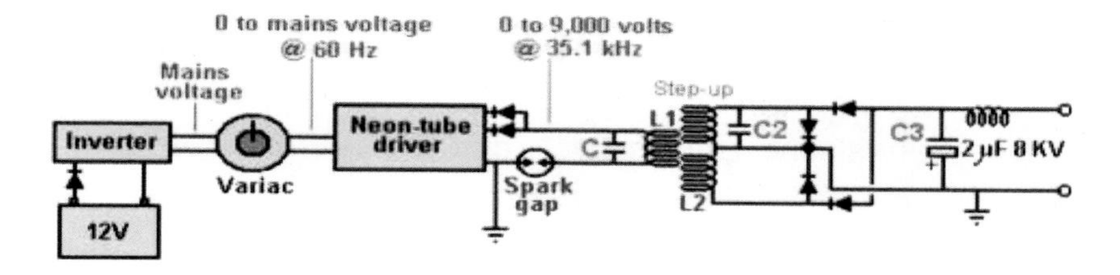

Prinzipschaltung eines Don-Smith-Generators.

dem Äther- oder Quantenfeld in die Spulen eingekoppelt und dann gleichgerichtet werden. Über einen nachfolgenden Step-Down-Transformator wird die gleichgerichtete Hochspannung heruntertransformiert und über einen normalen Wechselrichter auf die übliche Netzspannung umgesetzt. Um die Batterie am Eingang permanent nachladen zu können, wird noch ein Ladegerät benötigt, das die Wechselspannung auf die erforderliche 12-V-Batteriespannung umsetzt.

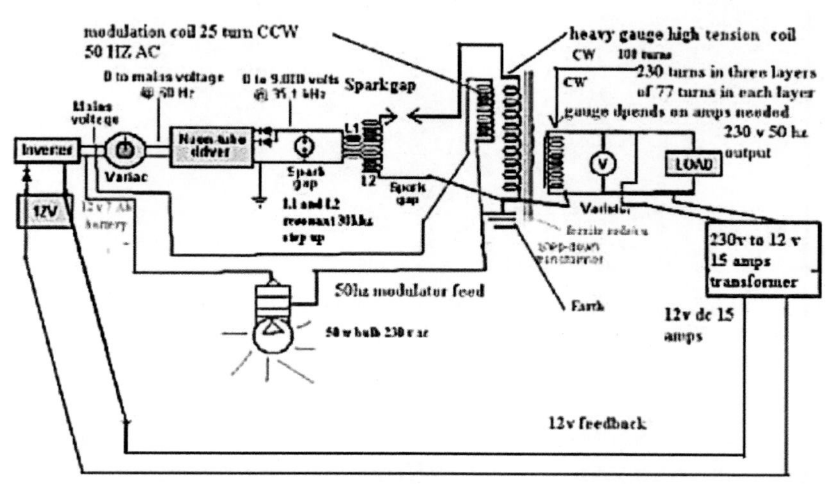

Kostengünstiger Aufbau einer Don-Smith-Schaltung mit integriertem Rückladesystem von Zilano-Ziess-Zane[126].

Erfolgreicher Nachbau in China

Der chinesische Entwickler "Salty Citrus", der auf einem web-Forum unter diesem Kürzel über seine Erfolge berichtet, schreibt, dass er mit einer Eingangsleistung von 24 W (12 V bei 2 A) über den selbstgebauten Smith-Generator insgesamt eine Leistung von 1000 W erzeugen konnte. Er demonstrierte dies, indem er 10 Lampen zu je 100 W zum Leuchten brachte[129].

Nachbau eines Don-Smith-Generators durch einen Chinesen.

Hier ist die Batterie mit der Elektronik zur Erzeugung der Hochspannung zu sehen sowie rechts den Aufbau mit den Hochfrequenz-Doppelspulen, die einen Transformator für Hochfrequenz bilden, gefolgt von den Gleichrichterdioden (unten) zur Gleichrichtung der Hochspannungsimpulse.

Untenstehend ist die gleiche Anordnung aus einem flacheren Blickwinkel zu sehen. Gut erkennbar sind auch die Gleichrichter auf den Kühlblechen sowie die Spulenanordnung am rechten Bildrand.

Blick auf die Schaltung von vorne. Gut sichtbar ist die HF-Spule.

Im Bild auf der nächsten Seite ist vorne das helle herausstehende Papprohr zu sehen, das im mittleren – nicht sichtbaren – Teil die Primärspule trägt, die nur wenige Windungen aufweist. Auf dem äusseren Rohr sind die zwei Sekundärspulen-Hälften zu erkennen. Rechts daneben befinden sich die teils seriell, teils parallel geschalteten Hochspannungs-Kondensatoren. Ganz rechts im Bild sind die hell aufleuchtenden Glühbirnen zu sehen, die als ohmsche Last fungieren und zur Demonstration der Leistungsfähigkeit der Anlage dienen.

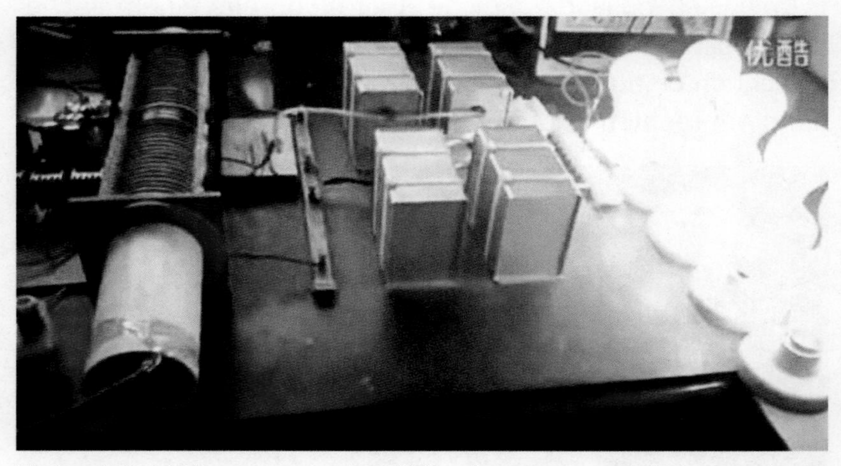

Blick auf die HF-Doppelspule, die HF-Kondensatoren und die Lampenbatterie im Betrieb.

Erfolgreicher Nachbau in Russland

In der unten abgebildeten Schaltung eines Russen ist zu erkennen, dass die vom Hochspannungsgenerator erzeugte Spannung über einen Trenntrafo auf mehrere in Serie geschaltete

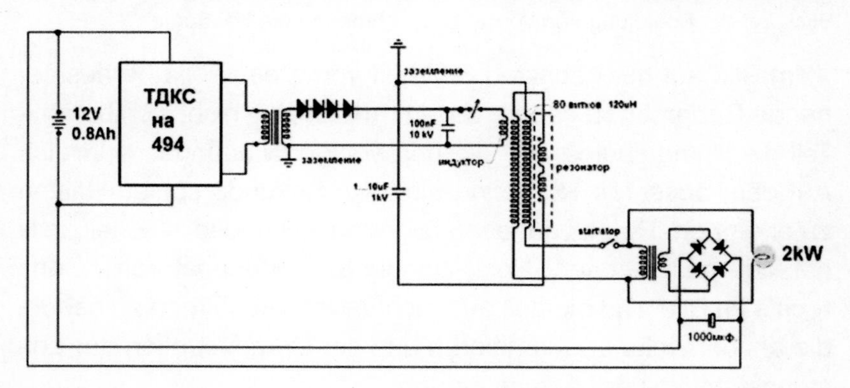

Schaltungsskizze eines russischen Nachbaus mit Rückkopplungskreis.

Hochspannungsdioden und dann auf einen Speicherkondensator geführt wird[129]. Immer dann, wenn die Spannung auf dem Ladekondensator eine bestimmte Schwelle überschreitet, beginnt die Funkenstrecke bzw. ein Überspannungsableiter zu zünden, was einen steilen Dirac-Impuls mit einem breiten Frequenzspektrum mit sofortiger Entladung des Kondensators über die kurzzeitig geschlossene Stromstrecke unter Einbezug der nachfolgenden Primärspule bewirkt. Über die Auskoppelwicklung steht eine entsprechend dem Wicklungsverhältnis hochtransformierte Sekundärspannung zur Verfügung, die nach Einschalten eines Kontaktes einerseits an eine Ausgangslast – hier im Beispiel 2 kW – geführt wird und andererseits über einen Step-Down-Transformator und eine diskret aufgebaute Gleichrichterschaltung zur Batterie zurückgeleitet wird, welche den Hochspannungsgenerator speist.

Theorien zur autonomen Energiekonversion

Energieakkumulation nach der Unitären Quanten-Theorie UQT

Der russische Physik-Professor und Ordinarius der Technischen Universität MADI aus Moskau, Prof. Lev Sapogin, hat im Rahmen seiner Unitären Quantentheorie UQT aufgezeigt, dass in Zukunft neue Energiequellen zur Verfügung stehen werden.

Prof. Lev Sapogin.

Laut seiner einheitlichen Quantentheorie, die er im Laufe von 25 Jahren entwickelt und in mehreren wissenschaftlichen Journalen publiziert hat, können in bestimmten Resonanzsystemen bei korrekt abgestimmter Phase oszillierende elektrische Ladungen mit Überschussenergie gruppiert werden und damit beliebig stark anwachsen. Daher ist es gemäss dieser Theorie möglich, dass bei bestimmten Prozessen Überschusswärme oder zusätzliche elektrische Energie entsteht, z.B. bei bestimmten Gasentladungen oder bei Stromleitungen durch Protonenaustausch-Membranen. Diese "frei" entstehende Energie kann ausgekoppelt und in andere Energieformen umgewandelt werden[130,131].

Grundsätzlich bietet diese Theorie ein mathematisches Modell für die Bewegung und Austauschprozesse von Ele-

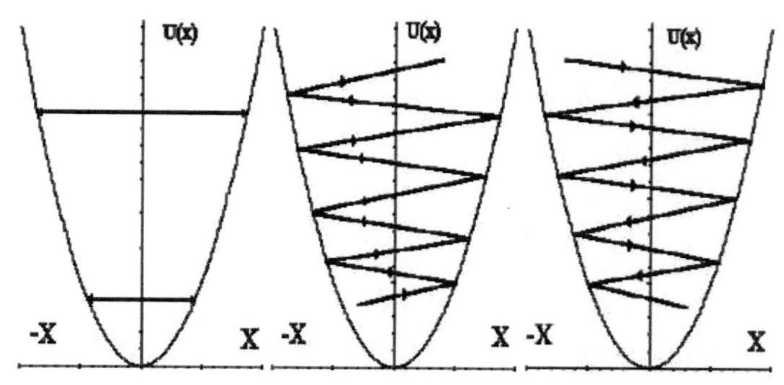

Verschiedene Varianten für die Lösung von Gleichungen eines Oszillators
Links konventionell, Mitte mit Energiezuwachs, rechts Energieabnahme.

mentarteilchen in Form komplizierter nichtlinearer Integral- bzw. Differentialgleichungen. Sie ermöglicht es, die Bahnen und Geschwindigkeiten einzelner Teilchen im dreidimensionalen Raum zu berechnen, während die klassische Quantentheorie nur Aussagen über die Aufenthaltswahrscheinlichkeit von Partikeln an einem bestimmten Ort im Raum machen kann. Im Besonderen zeigt sich, dass das Gesetz zur Erhaltung von Energie und Impuls für einzelne Partikel nicht grundsätzlich gelten muss. Damit wird es möglich, dass unter bestimmten Bedingungen Phänomene entstehen, die den klassischen Energieerhaltungssatz zu verletzen scheinen.

Tatsächlich sind in den letzten Jahrzehnten immer wieder Prozesse beobachtet worden, die bisher nicht erklärt werden konnten. Hierzu zählt z.B. die vielfach nachgewiesene Überschusswärme, die bei bestimmten Kavitationsphänomenen auftritt, wenn mikrofeine Wasserbläschen kollabieren. Ebenso wurden bei anomalen Gasentladungen, wie sie im Prinzip auch bei atmosphärischen Blitzen vorkommen, ein Vielfaches an elektrischer Energie im Vergleich zur Anregungsenergie beobachtet. Ähnliches kann aufftreten, wenn elektrische Ströme durch Keramiken geleitet werden, welche eine Protonenaustausch-Membran bilden. Sapogin führt auch einzelne Geräte von Erfindern an, die Überschussenergie erzeugen wie z.B. die Testatika von Paul Baumann (Schweiz), die thermische Energiezelle von J. Patterson (USA), die Wärmegeneratoren von Ya.S. Potapov (Moldavien) und J. Griggs (USA), oder die elektrischen Stromgeneratoren von P. und A. Correa (Kanada).

Energiegewinnung aus dem Vakuumfeld nach der ECE-Theorie (ECE = Evans, Cartan, Einstein)

In einer Arbeit des Alpha Institute for Advanced Studies (AIAS) zum Thema "Classical Electrodynamics without the Lorenz condition" wird nachgewiesen, dass es möglich ist, Energie aus dem Vakuum auszukoppeln[132,133]. Hierauf deuten auch viele Experimente Nikola Teslas hin.

In welcher Weise die zur Energieauskopplung erforderliche Vakuumpolarisation realisiert werden kann, zeigt die Erweiterung der klassischen Maxwell-Theorie durch O(3) Yang-Mills-Feldgleichungen bzw. durch die Untergruppe von B. Lehnert. Grundsätzlich existiert das Konzept der Vakuumpolarisation bereits in der Quantenelektrodynamik.

Wenn das Vakuum im Sinne der ECE-Theorie polarisiert wird, lassen sich magnetische Ladung (Monopole!) und magnetischer

Strom direkt aus dem Vakuumfeld über geeignete Geräte in nutzbare Energie umwandeln. Je stärker sich die Vakuum-Polarisation ändert, desto grösser wird der Strom, der in einen Schaltkreis einfliessen kann. Prinzipiell gibt es keine Begrenzung für die Grösse der Ladungs- und Stromdichte, die über das Vakuumfeld verfügbar wird. Es müssen lediglich geeignete elektronische Schaltungen entwickelt werden, mit denen sich die überall im leeren Raum zur Verfügung stehende Energie einfangen und in nutzbare Energie umzuwandeln lässt.

Myron Evans, Begründer der ECE-Theorie (ECE=Einstein-Cartan-Evans).

Wie Myron Evans schreibt, haben praktische Experimente bereits gezeigt, dass sich die Voraussagen aus der Theorie vollauf bestätigen. Energie aus der Raumzeit ist grundsätzlich in unbegrenzten Mengen verfügbar[134]. Dies bestätigten auch die Forschungen der Firma ET3M in Mexiko, die integrierte Schaltungen im 14-pin-Gehäuse mit Resonanzankopplung an das Quantenfeld entwickelt hat und damit 200 W generieren konnte[135]. Damit die Resonanzschaltung richtig arbeitete, war es lediglich erforderlich, diese an eine reine Sinusspannung mit üblicher Netzfrequenz anzuschliessen. Die Leistungsaufnahme für die Steuerschaltung lag dagegen bei nur 1,5 mW. Laut Aussagen des Firmenmanagers und des Entwicklers hatten sie im Labor sogar grössere Schaltungen entwickelt, die bis zu 20 kW produzieren konnten. Aus staats- und wirtschaftspolitischen Gründen, aber auch wegen technischen Unzulänglichkeiten konnte diese Technologie bisher nicht zur Serienreife entwickelt werden. Die extrem hohe Güte der Schaltkreise hatte zur Folge, dass sich diese bei kleinsten Störungen, die nicht vorhersehbar waren, überhitzten und sich selbst zerstörten.

Ob und inwieweit Nikola Tesla bereits in den dreissiger Jahren des letzten Jahrhunderts ähnliche Schaltungen mit den damals verfügbaren Technologien (Gleichrichter, Oszillatoren und Verstärker mit Röhrentechnologie) realisieren konnte, ist eine offene Frage. Ihm standen jedenfalls keine theoretischen Konzepte wie die von Prof. Lev Sapogin, von Myron Evans oder anderen Forschern zur Verfügung. Teslas Entwicklungen basierten auf Intuition und grosser praktischer Erfahrung.

Aus der ECE-Theorie[136] lässt sich im übrigen ableiten, dass magnetische Felder stets von Potenzialfluktuationen, d.h. von der zeitlichen Änderung der Vakuumpolarisation, bestimmt werden. Dabei ist festzuhalten, dass Energie wie bekannt weder erzeugt noch vernichtet werden kann. Das heisst, die Summe der aus dem strukturierten Vakuum bzw. der Raumzeit ausgekoppelten Energie und der im Vakuum verbleibenden Restenergie ergänzen sich jeweils zu Null, so dass der Energieerhaltungssatz und die Gesetze der Thermodynamik für den Kosmos als Ganzes stets erfüllt sind.

Auskopplung von Energie über Spinkopplung zum Vakuumfeld

Horst Thieme, Dipl.-El.Ing. sowie Dipl.-Ing. in Kernenergietechnik, Spezialist in Hochspannungstechnik, hat sich intensiv mit den Eigenschaften des Elektrons befasst und dazu 2021 das Buch “Strom der Zukunft – Raumenergie entzaubert” geschrieben. Er ist überzeugt davon, dass das Elektron als Koppelglied zur feinstofflichen Ebene und zur Gravitation wirkt. Man kann es sich so vorstellen, dass das Elektron ständig Raumenergie in seiner (Vakuum-)Umgebung polarisiert und vereinnahmt, d.h. an seiner Oberfläche anlagert. Das führt zu seiner Rotation. Von Zeit zu Zeit "schüttelt" es diesen Überschuss in Form eines sehr niederenergetischen Wärmequants wieder ab[137].

Dipl.-Ing. Horst Thieme.

Im Fall eines autonom laufenden Magnetmotors ist davon auszugehen, dass bei der erzwungenen Abgabe von Spinenergie eine Nachladung der elementaren Spins durch die komplexe Kopplung der Spins mit der Raumenergie erfolgt. Aufgrund des Energie- bzw. des Spin-Erhaltungssatzes ist dies zwingend erforderlich, sofern ein Magnetmotor mehr Energie abgibt, als ihm zu seiner Steuerung zugeführt werden muss.

Im weiteren betont Horst Thieme, dass bei Ankopplung an die Raum-, Pan- oder Nullpunktenergie (als "offenes" System) quasi die Energieressource des Weltraumes angezapft bzw. der Umgebung entzogen wird.

Um dies nutzbar zu machen, bedarf es abrupt wechselnder elektromagnetischer Felder, hoher Spannungen sowie Plasmen oder sich selbstverstärkender extremer makroskopischer Rotationen[138], wie Angela und Horst Thieme in ihrem neuesten Buch beschrieben haben. Statt rotierender Systeme mit hohen Drehzahlen sind natürlich auch vibrierende mechanische oder hydraulische Systeme mit hohen Drücken denkbar, wie dies z.B. bei der Technologie von Dr. V.V. Marukhin der Fall ist[139]. Ebenso eignen sich elektromagnetische Resonanzkreise mit hohen Schwingungsfrequenzen bzw. Amplituden.

Am einfachsten lässt sich dies durch Resonanzschwingkreise elektromagnetischer oder mechanischer Art realisieren. Der Aufbau von erzwungenen Magnetfeldern zwingt zur Rekrutierung der Magnetfeldmasse aus dem umgebenden Raum. Die defizitäre, feinstoffliche Materie wird dabei (im Umkehrschluss) regelrecht nach- und aufgesogen und führt zu einem COP (Coefficient of Performance), der deutlich grösser als 1 ist. Das heisst, die Energie, die zum Regeln und Steuern des Prozesses erforderlich ist, kann erheblich geringer sein als die Energie, die umgesetzt wird und dem Verbraucher zur Verfügung steht. Dieses Phänomen tritt auch bei den integrierten Bausteinen der Firma ET3M in Mexiko auf, wie im vorangehenden Bericht zur ECE-Theorie festgehalten wird.

Eine solche Raumenergiekopplung hatte bereits Nobelpreisträger Walter Gerlach[140] vor dem Zweiten Weltkrieg erkannt. Sein Team hat damals die benötigten militärischen Finanzmittel zum Projekt "Die Glocke" gewonnen[141,142].

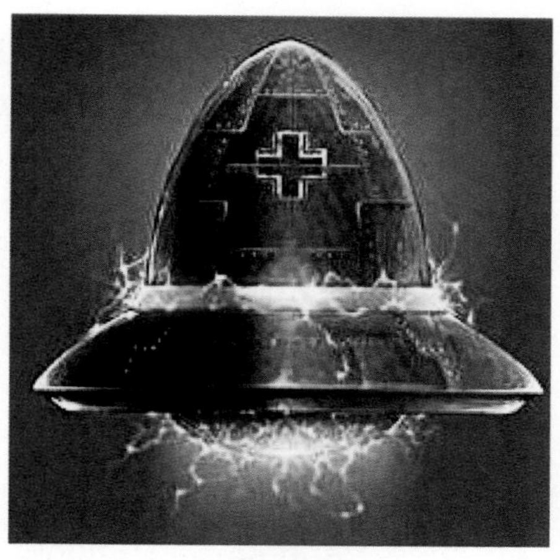

Geheimprojekt “Die Glocke”.

Die Erforschung dieser neuen Technologie zeigte einerseits erstaunliche Perspektiven zur Energiegegewinnung auf, erwies sich andererseits aber wegen unerwarteter und eigentlich nicht beherrschbarer unerwünschter Nebeneffekte infolge negentroper Wirkungen im näheren Umfeld als sehr problematisch. Das heisst, Raum und Zeit wurden in einer nicht kontrollierbaren Weise verändert.

Energie aus Nullpunktschwingungen des Vakuums

Ein ähnliches Konzept hatte der russisch-deutsche Forscher und Dipl.-Ing. für Fernmeldewesen Dr. Dr. habil. Otto Oesterle (verst.) ausgearbeitet[143]. Er postulierte, dass Nullpunktschwingungen des physikalischen Vakuums in Körpern mit hoher magnetischer Permeabilität, hoher Dielektrizität und hoher Leitfähigkeit bei bestimmten Resonanzprozessen ausgekoppelt werden können. Damit über die Polarisierung des Vakuums freie Energie verfügbar gemacht werden kann, muss die Stromdichte des Vakuums in die bekannte Maxwell-Ampere-Gleichung integriert werden. In welcher Weise dies theoretisch formuliert und verstanden werden kann, haben im Jahr 2005 Wissenschaftler der North Carolina A & T State University herausgefunden[144].

Dr. Dr. habil. Otto Oesterle.

Auch bei mechanischer Resonanz in Festkörpern oder Flüssigkeiten sei es möglich, ungedämpfte stehende Druckwellen zu realisieren. Genau diesen Effekt hat der russische Forscher und Doktor der Technischen Wissenschaften Dr. V. V. Marukhin auf der Basis der Weiterentwicklung des Hydraulischen Widders genutzt, wie im Folgekapitel erläutert wird.

Energie über molekulare Schwingungs-kopplung an das Quantenfeld

Ebenfalls von Schwingungsankopplung an das Gravitations- bzw. Quantenfeld spricht Dr. V. V. Marukhin, der basierend auf dem Konzept des Hydraulischen Widders ein völlig neues Energsystem entwickelt hat.

Wie Dr. Otto Oesterle bereits angedeutet hat, sollte es ohne weiteres möglich sein, ungedämpfte stehende Druckwellen zu realisieren und über deren Kopplung an das Vakuumfeld Energie auskoppeln zu können. Genau dies gelang seinem russischen Forscherkollegen Dr. V. V. Marukhin. Basierend auf der Theorie von Schukowskij, der das Prinzip des Hydraulischen Widders analysiert hat, hat Dr. Marukhin derartige Systeme genauer evaluiert und weiterentwickelt. Er hat festgestellt, dass die Flüssigkeit auch in einem geschlossenen System oszillieren kann, so dass kein externer Wasserzufluss und damit kein externer Energieverbrauch erforderlich ist. Damit können derartige Widdersysteme völlig autonom arbeiten und zum Hochpumpen von Wasser oder über Zwischenschaltung von Turbinen und Generatoren zur Stromerzeugung genutzt werden. Bei Schwingungs-Frequenzen im Bereich von wenigen Dutzend Hertz und bei Drücken von wenigen bar lassen sich so Leistungen im Bereich von einigen hundert kW generieren[145].

Durch Weiterentwicklung des Hydraulischen Widders hat Dr. Marukhin kompakte Energiegeräte von 80 cm Höhe und 20 cm Durchmesser gebaut, die bei 3'000 bar und mit Frequenzen von 3'000 Hz arbeiten und eine Leistung von maximal 1 MW erzeugen!

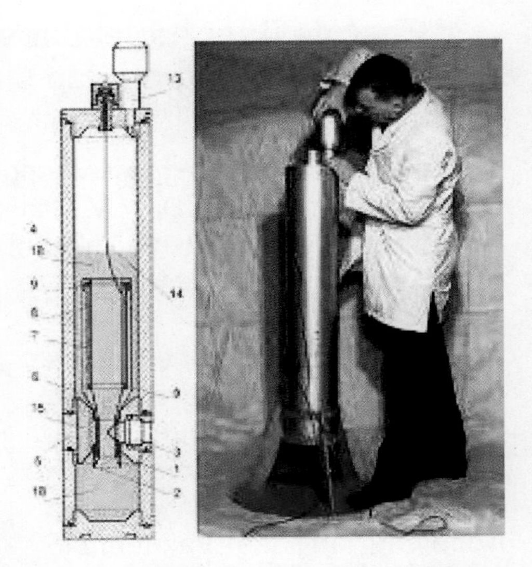

Autonom funktionierender 1-MW-HEG von Dr. V. V. Marukhin (HEG = Hydraulic Energy Generator).

Dabei werden die hydraulischen Vibrationen über piezokeramische Wandler in pulsierende Hochspannung und anschliessend über Gleichrichtung und Wechselrichter in konventionellen Industriestrom umgewandelt. Damit wird deutlich, dass überall im Kosmos grosse Mengen Energie verfügbar sind.

Der Autor dieses Buches und seine Frau haben zu dieser revolutionären Entwicklung das Buch "Die Heureka-Maschine - der Schlüssel von Dr. V. V. Marukhin zur Energiezukunft" geschrieben (s. www.jupiter-verlag.ch). Als Geschäftsführer der TransAltec AG haben sie ausserdem eine Lizenz der 1-MW-Version des Hydraulic Energy Generators HEG (für die Schweiz, einige europäische und aussereuropäische Länder) gesichert und lassen diese bereits ab dem Jahr 2022 produzieren. Näheres hierzu siehe unter: www.transaltec.ch

Siehe hiezu auch Beitrag ab Seite 265ff!

Energiekonversion aus dem kosmischen Neutrinofeld

Die Ausgabe der "New York Times" vom 6. Februar 1932 zitierte Nikola Tesla unter dem Titel „Dr. Tesla Writes of Various Phases of his Discovery" mit folgenden Worten[146]: *„Laut meiner Theorie ist ein radioaktiver Körper nur eine Zielscheibe, die ständig von unendlich kleinen Kugeln, die aus allen Teilen des Universums projiziert werden, bombardiert wird. Wenn diese derzeit unbekannte kosmische Strahlung völlig unterbrochen werden könnte, dann gäbe es keine Radioaktivität mehr. Ich machte einige Fortschritte in Bezug auf die Lösung des Rätsels, bis ich im Jahre 1898 mathematische und experimentelle Beweise erlangte, dass die Sonne und ähnliche Himmelskörper energiereiche Strahlen aussenden, die aus unvorstellbar kleinen Teilchen bestehen und Geschwindigkeiten besitzen, die wesentlich höher sind als die Lichtgeschwindigkeit. Die Durchdringungskraft dieser Strahlen ist so groß, dass sie Tausende Kilometer fester Materie durchdringen, ohne dass sich ihre Geschwindigkeit merklich verringert."*

Mit der Vermutung, dass sich die Radioaktivität von Isotopen durch Blockierung dieser Weltraumstrahlung ausschalten lässt und mit der Spekulation einer Überlichtgeschwindigkeit lag Tesla nicht ganz richtig. Doch dass es eine kosmische Strahlung aus sehr feinen Partikeln gibt, die fast ungehindert die Erde durchdringen, hatte er - wohl mehr oder weniger visionär - durchaus richtig erkannt.

Besonders umfassend hat sich Prof. Dr.-Ing. Konstantin Meyl der Frage gewidmet, ob die subatomaren Neutrinos mit ihrer minimalen Masse auch energetisch wirksam werden können. Seiner Meinung nach ist die Teslastrahlung definitiv mit der Neutrinostrahlung gleichzusetzen. In seinen Publikationen spricht er auch von Neutrinopower und glaubt, durch die Nutzung der energiereichen Strahlung einen prinzipiellen Weg zur Lösung unseres Energieproblems gefunden zu haben[147]. Im Buch mit dem Titel "Neutrinopower" wird das Thema ausführlich diskutiert[148].

Prof. Dr.-Ing. Konstantin Meyl.

Die hypothetischen Teilchen sind am 4. Dezember 1930 vom Physiker Wolfang Pauli postuliert und zunächst als Neutron bezeichnet worden, mit einem Ausdruck, den Tesla ebenfalls übernommen hatte. Später wurde dann dieser Begriff für die neutralen Kerne im Atom verwendet, während man die ultrafeinen neuen Teilchen Neutrinos[149] nannte. Inzwischen konnten Physiker in aufwendigen Experimenten sogar verschiedene Arten von Neutrinos nachweisen. Eine energietechnische Nutzung dagegen scheint kein Thema zu sein.

Prof. Dr.- Ing. Meyl dagegen ist der Ansicht, dass Neutrinos eine schwingende Wechselwirkung mit bestimmten Spulenanordnungen aufweisen können, wenn diese mit hoher Frequenz gespeist und die als Antenne angeschlossene Kugelelektroden ständig umgepolt werden.

Besonders interessant ist der Resonanzfall, wenn Spule und zugeordnete Kapazität in ihrer Eigenfrequenz schwingen. Damit sind sie in der Lage, Neutrinos quasi "einzusammeln", wodurch zusätzliche Energie in das System einfliesst. Diese Art Wechselwirkung tritt insbesondere bei Übertragungsstrecken auf, die sowohl auf der Sende- als auch auf der Empfangsseite Kugelelektroden aufweisen[150]. Meyl spricht hier von einer Sklarwellenübertragung. Diese Wellen sind im Unterschied zu den transversalen Rundfunkwellen longitudinal und entsprechen den Wellen, wie sie Nikola Tesla bei seinen Übertragungsexperimenten verwendet hat bzw. den Oberflächenwellen, wie sie von Zenneck berechnet und wie sie neuerdings von der Firma Texzon Technologies auch praktisch eingesetzt werden.

An mehreren Tagungen und Kongressen des Jupiter-Verlags, aber auch an Industriemessen in Villingen-Schwenningen[151] und in Mannheim[152] hatte Prof. Meyl seine Skalarwellenübertragung demonstriert.

Prof. Meyl zeigt, wie eine Fluoreszenzlampe im Skalarfeld hell aufleuchtet.

So zeigt er zum Beispiel im obenstehenden Bild anhand des Aufleuchtens einer in der freien Hand gehaltenen Leuchtstoffröhre, wie sich das Skalarwellenfeld in der Nähe der Kugelantenne ausbreitet.

Spielzeugeisenbahn mit drahtlosem Betrieb über Skalarwellen.

Das Foto links hat der Autor am 14. Juni 2017 beim Besuch des Ersten Transferzentrums für Skalarwellentechnik im Labor von Prof. Meyl in Villingen-Schwenningen aufgenommen. Es zeigt die Modelleisenbahn, deren Lokomotiven mittels drahtloser Skalarwellenübertragung betrieben werden. Im "NET-Journal" ist dazu ein ausführlicher Bericht erschienen[153].

Bei der Gelegenheit des Besuchs bei Prof. Meyl durfte der Autor für die Ergänzung der Daten zu diesem Buch auch Einblick in das umfangreiche Nieper-Archiv nehmen. Zwar konnte die Vision von Dr. Hans Nieper über die Existenz von Tachyonenteilchen, die sich mit Überlichtgeschwindigkeit bewegen, bis heute nicht bestätigt werden. Statt hypothetischer Tachyonen sind heute vielmehr Neutrinoteilchen in Diskussion, die nachgewiesenermassen auch Masse und damit zugleich Energie tragen und sich vielleicht - nach Prof. Meyls Theorie bzw. Vermutung - sogar überlichtschnell bewegen sollen. Prof. Meyl hat ausserdem die Vision, dass es möglich sein müsste, mittels sogenannter Neutrinolyse Wasser in seine Bestandteile Sauerstoff und Wasserstoff aufzuspalten, ähnlich, wie das bei der Photosynthese mittels Sonnenlicht geschieht. Dies wäre ein weiterer Weg für eine umweltfreundliche Energiekonversion.

Die Nutzung der Skalarwellen für die drahtlose Energieübertragung zum Antrieb von Schiffen, Flugzeugen und Eisenbahnen ist heute im Modell bereits Realität. In der Schweiz plant Prof. Meyl ein Projekt, um auf der wenig genutzten Eisenbahnstrecke über den Hauenstein von Olten nach Sissach eine Eisenbahn mittels Skalarwellenübertragung drahtlos zu bedienen.

Das batterielose Elektroauto von Nikola Tesla wurde möglicherweise mit einer solchen Technik betrieben. Einerseits musste eine entsprechende Übertragungsstrecke vorhanden gewesen sein, worauf die Antenne und der Erdschleifkontakt hinweisen. Andererseits konnten im Resonanzbetrieb vielleicht Neutrinos und damit zusätzliche Energie eingesammelt werden.

Ziel wäre es, einen Konverter zu bauen, der die überall im Kosmos vorhandene Energie - welcher Art auch immer - effizient einfängt und zum Beispiel Batterien von Elektroautos permanent nachladen kann.

Zu den Projekten der Neutrino Group von Holger T. Schubart, die genau solche Projekte entwickeln will, wird auf das Kapitel "Zukunftsprojekte - Perspektiven" am Schluss dieses Buches verwiesen.

Teslas geheimnisvoller Zugang zur Raumenergie

Mehr als sechs Jahrzehnte nach Nikola Teslas Tod ist es für Forscher und Historiker noch immer nicht einfach, dessen teilweise visionären Aussagen zu künftigen Energietechnologien richtig zu beurteilen. Einerseits hat Tesla unschätzbare Beiträge zur praktischen Entwicklung der Elektro- und Funktechnik auf verschiedenen Ebenen geleistet. Andererseits hat er vor allem in späteren Jahren, wo er längst kein eigenes Labor und keine Finanzmittel mehr hatte, Aussagen gemacht, deren Realitätsgehalt schwer einzuschätzen sind.

So gibt es von ihm auch keine direkten Mitteilungen und Beweise dafür, dass er 1931 – oder gar schon 1930 – einen Pierce Arrow 8 auf Elektroantrieb umgebaut und dieses Luxusauto entweder via Fernenergieübertragung oder gar mittels eines kosmischen Energieempfängers direkt angetrieben hat. Die verfügbaren Informationen stammen einerseits von Petar Savo, der dem Flugingenieur Derek Ahlers ein ausführliches Interview zu seinem Erlebnis mit dem Tesla-Auto gegeben haben soll. Derek Ahlers war seinerseits von Ralph Bergstraesser befragt worden, der aber vor mehreren Jahren verstorben ist, jedoch noch zu Lebzeiten mit dem Tesla-Biografen Marc Seifer in Verbindung stand. Mit diesem Buchautor und Tesla-Experten hat sich der Autor dieses Buchs mehrfach ausgetauscht. Das Gleiche gilt auch für den Kontakt zu Igor Spajic, der seinerseits umfangreiche Recherchen zur Geschichte des Tesla-Autos durchgeführt hat.

Der zweite fast ähnliche Bericht zu einer Experimentalfahrt mit dem legendären Pierce Arrow 8 stammt von Heinrich Jebens, dem Vater des deutschen Unternehmers Klaus Jebens. Der Verfasser und seine Frau Inge konnten ein Interview aufzeichnen, in dem Klaus Jebens über die von seinem Vater hinterlassenen und erst Anfang 2000 entdeckten Dokumente berichtete (s. Seite 29f). Allerdings ist die dort erwähnte Geschichte eines Treffens von Heinrich Jebens mit Petar Savo auf der Schiffsüberfahrt von Hamburg nach New York nicht belegt, weil dieser offenbar nicht im selben Schiff mitgefahren ist. Vielmehr hat Peter Savo erst im Juni 1931 von Triest aus eine Überfahrt angetreten.

John J. O'Neill, von dem eine bekannte Biographie[82] über Tesla stammt, äusserte darin die Vermutung, dass unmittelbar nach Teslas Tod das amerikanische FBI dessen Safe aufgebrochen und wichtige Unterlagen mitgenommen hätte, unter anderem Teslas Tagebücher. Darin hatte Tesla – dies war bekannt – penibel alle wichtigen Ereignisse aufgezeichnet. Vielleicht hatte er darin auch die Experimentalfahrten mit dem umgebauten Pierce Arrow 8 notiert. Doch leider blieben die Tagebücher unauffindbar. Wie auch immer: John Edgar Hoover, Präsident des FBI, distanzierte sich am

20. September 1955 explizit von dem Gerücht, das FBI sei mit der Sicherstellung der Effekten von Tesla beauftragt gewesen[153]. Dafür zuständig war ausschliesslich das "Office for Alien Custody". Hierzu gibt es auch einen ausführlichen Bericht[155].

Wenngleich keine unmittelbaren Beweise für die Existenz eines autonom fahrenden Tesla-Autos von 1931 existieren, so gibt es doch viele indirekte Hinweise dafür, dass Tesla Konzepte zu einer neuen Energiequelle entwickelt und vielleicht tatsächlich Experimente im Geheimen durchgeführt oder in Auftrag gegeben hat. So zitierte die Zeitung "The Brooklyn Eagle" in ihrer Ausgabe vom 10. Juli 1932, genau an Teslas 76. Geburtstag, eine Aussage von ihm, wonach es ihm gelungen sei, die kosmischen Strahlen einzufangen und umzuwandeln, um mit deren Energie ein Antriebsaggregat zu betreiben[156].

Bereits ein Jahr früher, am 20. Juli 1931, hatte das "Time Magazin" ausführlich Teslas Ausführungen zu dieser neuen Energiequelle abgedruckt[42]. Da heisst es u.a.: *"...zudem arbeite ich an einer neuen Energiequelle, von der meines Wissens noch kein Wissenschaftler bisher gesprochen hat. Als mir zum ersten Mal die Idee hierzu gekommen ist, löste dies einen gewaltigen Schock in mir aus... Der Apparat, mit dem sich die Energie aus dem All anzapfen lässt, enthält sowohl mechanische wie auch elektronische Bauteile und ist zugleich von erstaunlicher Einfachheit."*

Merkwürdigerweise erschien dieser Artikel genau in jenem Jahr, an dem Nikola Tesla laut den Berichten von Petar Savo seinen autonom fahrenden Pierce Arrow 8 vorgeführt hatte. Zwei Jahre später, am 9. Juli 1933, einen Tag vor Teslas 77. Geburtstag, brachte die "New York Harald Tribune" einen Bericht mit der Sensations-Schlagzeile: *"Tesla sieht voraus, dass innerhalb eines Jahres eine neue Energiequelle verfügbar sein wird".* Er sei im übrigen der festen Überzeugung, dass man ihn in späteren Generationen weniger mit der Erfindung des Induktionsmotors oder des Mehrphasenstroms in Verbindung bringen werde als vielmehr mit der Entdeckung dieser neuen kosmischen Energiequelle.[45]

Und am 10. September desselben Jahres zitierte die Zeitung "Kansas City Journal Post" unter dem Titel "In Bälde wird eine neue mächtige Energiequelle verfügbar sein" Teslas neuste Aussagen mit den Worten[1572]: *"Meine erste und wichtigste neue Entdeckung betrifft die Möglichkeit, von einer bisher nicht bekannten und bisher nicht zugänglichen neuen Quelle Energie auszukoppeln... Ich habe jahrelang an den zugrundeliegenden Prinzipien gearbeitet. Wenn die dafür erforderlichen Maschinen einmal gebaut sind, werden sie völlig wartungsfrei arbeiten und keine Betriebskosten verursachen."*

Ausserdem wies der Erfinder darauf hin, dass die neuen Energiegeräte überall in der Welt installiert werden können und eine Lebensdauer von 5'000 Jahren (!) erreichen können[156].

Zahlreiche ähnliche Zeitungsberichte zeugen davon, dass Nikola Tesla damals völlig überzeugt davon war, dass seine Konzepte und Visionen in unmittelbarer Zukunft Wirklichkeit werden. Sicherlich hat der Erfinder viele Entwicklungen, die zu seiner Zeit noch undenkbar waren, visionär vorausgesehen.

Vielleicht hat er auch im fortgeschrittenen Alter noch Experimente durchgeführt oder in Auftrag gegeben, über die er aber keine Details verraten hat. Die Frage, ob er anfangs der dreissiger Jahre des letzten Jahrhunderts wirklich über eine funktionierende Schaltung zum autonomen Betrieb eines Elektroautos verfügte, kann bis heute nicht definitiv beantwortet werden. Vieles deutet darauf hin, dass er Konzepte für eine völlig neue Energietechnik entworfen hatte. Doch aus verschiedenen Gründen war er nicht bereit, diese bekanntzugeben oder der Nachwelt zu hinterlassen.

Möglicherweise haben bestimmte Wirtschaftskreise und politische Machtgruppierungen zur damaligen Zeit kein Interesse daran gehabt, dass Energie überall und dazu auch noch kostenlos für alle verfügbar gemacht wird. Doch die Zeiten haben sich geändert: Gerade die Social Media machen es möglich, dass eine Unmenge an Ideen und Erfindungen öffentlich zugänglich werden. Somit kann davon ausgegangen werden, dass entscheidende wissenschaftliche und technische Durchbrüche realisiert und schliesslich Raumenergietechnologien kommerzialisiert werden - zum Wohle der Umwelt und der gesamten Menschheit!

Literatur zu Teil 2

1) https://teslauniverse.com/nikola-tesla/articles/tesla-predicts-new-source-power-year
2) https://de.wikipedia.org/wiki/Nikola-Tesla
3) http://www.borderlands.de/gravity.bettels.php3
4) http://www.borderlands.de/net_pdf/NET0106S22-25.pdf
5) Schneider, Adolf & Inge: Der Quantum Energy Generator, Jupiter-Verlag Zürich 2014, S. 59ff.
6) http://www.borderlands.de/net_pdf/NET0713druckS4-14.pdf S. 8f.
7) http://www.aniruddhafriend-samirsinh.com/weather-control-and-dr-nikola-tesla/
8) http://freie-energie-projekt.de/nikola-teslas-auto/
9) http://www.nuenergy.org/nikola-tesla-radiant-energy-system/
10) https://en.wikipedia.org/wiki/Wardenclyffe_Tower
11) web.archive.org/web/20160429225524/http://www.keelynet.com/news/072114a.html
12) http://www.effiziente-waermepumpe.ch/wiki/Leistungszahl_(COP)
13) https://de.wikipedia.org/wiki/Schumann-Resonanz
14) https://en.wikipedia.org/wiki/Tesla_Experimental_Station
15) https://www.mysteryblog.de/die-erfindungen-des-nikola-tesla-317613.html
16) Glass, J.P.: Tremendous Possibilities of Radio - an Interview with Nikola Tesla", Radio News, November 1922, siehe auch: https://worldradiohistory.com/Archive-Radio-News/20s/Radio-News-1922-11-R.pdf p.942
17) Cheney, Margareth: "Man out of Time", Simon & Schuster, siehe Seite 235
18) Jebens, Klaus: Urkraft aus dem Universum, Jupiter-Verlag 2013
19) Jebens, Heinrich: Die Philosophie des Fortschritts. Contra Spengler - Contra Hitler, Hamburg 1931, Fortschritt-Verlag, s.a. https://www.zvab.com/Philosophie-Fortschritts-Contra-Spengler-Hitler-Jebens/17147090701/buch
20) http.//buch-info.org/autor/heinrich:jebens
21) Schmidt, Alexander K.: Erfinderprinzip und Erfinderpersönlich keitsrecht im deutschen Patentrecht von 1877 bis 1936, Mohr Siebeck Tübingen, 2009.

22) http://www.borderlands.de/net_pdf/NET0501S4-9.pdf
23) Eckermann, Erik: Nikola Tesla und die Energie aus dem All, in "Kultur & Technik", Nr. 2/2012, S. 48-51, s.a. https://sabrinalandes.files.wordpress.com/2011/12/k-u-technik-2-12-inhalt-digi.pdf
24) http.//www.teslasociety.ch
25) http://www.teslasociety.ch/info/teslacar/Interview_4.2010.mp3
26) http://www.teslasociety.ch/info/teslacar/Vesti_23.5.2010.pdf
27) Bergstraesser, Ralph: Interview with Derek Ahlers, 16. Sept. 1967
28) Seifer, Marc J.: Wizard: The Life and Times of Nikola Tesla, Citadel Press 1996
29) http://free-energy.xf.cz/tesla/tesla-car.htm
30) Puharich, Andrjia: The Physics of the Tesla Magnifying Trans mitter and the transmission of electrical power without wires", Planetary Association of Clean Energy, Ottawat, Ontario 1976
31) Nieper, Hans: Revolution in Technik, Medizin, Gesellschaft, Illmer-Verlag 1983
32) www.tfcbooks.com/special/savo-account.htm
33) https://en.wikipedia.org/wiki/Thomas_Henry_Moray
34) http://www.ancestry.de
35) http://www.borderlands.de/Links/Tesla-Privatkorrespondenz1928-1935.pdf
36) https://www.geni.com/people/Milutin-Tesla/5197943509870088650
37) www.borderlands.de/Links/Savo-Schiffsreise.pdf
38) www.borderlands.de/Links/Jebens-Schiffsreise.pdf
39) www.borderlands.de/Links/ForensischeAnalyseJebenstext.pdf
40) Spajic, Igor: Nikola Tesla's Aether-Powered Car, in "Nexus Magazine", Vol. 12, No. 1, Jan.-Febr. 2005, S. 37-40.
41) Spajic, Igor: Das ätherbetriebene Tesla-Auto, in "Nexus", Okt.-Nov. 2010, S. 64-69.
42) Time Magazine, Weekly News Magazine, July 20, 1931, Text siehe: https://archive.org/stream/NikolaTeslaAt75Time Magazine1931/Nikola%20Tesla%20at%2075%20Time%20 Magazine%201931_djvu.txt
43) http://www.tfcbooks.com/tesla/1932-07-10.htm

44) https://www.leifiphysik.de/kern-teilchenphysik/kernphysik-grundlagen/geschichte# Chadwick%20-%20Originalarbeit
45) https://teslauniverse.com/nikola-tesla/articles/tesla-predicts-new-source-power-year
46) https://teslauniverse.com/nikola-tesla/articles/device-harness-cosmic-energy-claimed-tesla
47) siehe Quelle 40), S. 40 oben
48) https://teslauniverse.com/nikola-tesla/articles/sending-messages-planets-predicted-dr-tesla-birthday
49) see 42)
50) https://www.tesla.ch/deutsch/4-Free_energy.html
51) https://en.wikipedia.org/wiki/Nikola_Tesla_electric_car_hoax
52) http://www.telegraf.rs/english/1503794-the-bloodline-dies-with-me-says-william-terbo-proudly-claiming-he-is-the-only-living-relative-of-nikola-teslas-video
53) http://www.teslasociety.ch/web/lebenslauf.htm
54) http://www.teslasociety.ch/info/familie/
55) https://www.wikitree.com/genealogy/Tesla-Descendants-4
56) http://www.e31.net/luftwiderstand.html
57) http://www.baldor.com/catalog/CEM2551T#tab=%22specs%22
58) http://www.integrityresearchinstitute.org/Abs-Bios-COFE8.pdf
59) http://www.guetter-web.de/education/rnp/rnp_4.pdf
60) https://de.wikipedia.org/wiki/Drahtlose_Energie%C3% BCbertragung
61) http://news.mit.edu/2014/world-wireless-power-witricity-1028
62) http://www.wiwo.de/technologie/green/biz/kabel-ade-forscher-uebertragen-strom-5-meter-durch-die-luft/13549132.html
63) http://www.etatronix.de/wp-content/uploads/2014/11/ Huwig_Energieuebertragung_durch_Nahfeldkopplung.pdf
64) Tesla, Nikola: Apparatus for Transmission of Electrical Energy", US-Patent 649'621 (Application filed on 02 September 1897, Patented on 15 May 1900)
65) Tesla, Nikola: Apparatus for the Utilization of Radiant Energy, US-Patent 685'957 (Application filed on 21 March 1901, Patented on 5 November 1901).
66) Tesla, Nikola: System of Transmission of electrical Energy, US-Patent 645'621 (Application filed on 2 September 1897,

Patented on 20 March 1900)
67) http://gapines.org/eg/opac/record/5839932?query=Tesla%20 Nikola;qtype=subject
68) Krause, Michael: Wie Nikola Tesla das 20. Jahrhundert erfand, Wiley-Verlag 2009.
69) https://de.wikipedia.org/wiki/Wardenclyffe_Tower
70) Seifer, Marc. J.: Wizzard: The Life and Times of Nikola Tesla, Citadel Press 2001, S .472
71) Margaret Cheney, Tesla Master of Lightning, New York, Barnes & Noble Books, 1999, S. 107
72) https://en.wikipedia.org/wiki/Wardenclyffe_Tower
73) Electrocraft, Detroit/Michigan, Vol. 6, 1910, p.389
74) http://bigthink.com/paul-ratner/10-nikola-teslas-most-amazing-predictions
75) http://geschichte.history.info/2016/01/20/ nikola-tesla-eher-ein-mythos-als-mensch-aus-fleisch-und-blut/
76) Tesla, Nikolola: Apparatus for Transmitting Electrical Energy, US-Patent 1119732
77) http://www.institutotesla.org
78) White, Thomas H.: Nikola Tesla - the guy who didn't invent radio, earlyradiohistory.us, Nov. 2012 s.a. http://earlyradiohistory.us/tesla.htm
79) https://teslauniverse.com/nikola-tesla/articles/publications/telegraph-telegraph-age
80) Tesla, Nikola: Art of transmitting electrical energy through the natural mediums, US-Patent No. 787'412, veröffentlicht 18.4.1905.
81) Cheney, Margaret; Uth, Robert; Glenn, Jim (1999). Tesla, Master of Lightning. Barnes & Noble Publishing. pp. 90–92.
82) O'Neill, John J. (1944). Prodigal Genius: The life of Nikola Tesla. Ives Washburn, Inc. p. 193.
83) http://www.borderlands.de/net_pdf/NET0315S13.pdf
84) http://getcorp.com/
85) http://www.globalmediaplanet.info/teslas-tower-wardenclyffe-tower-12-meters-height-prototype-finally-raised/
86) http://www.inmesol.de/blog/global-energy-transmission-das-projekt-mit-dem-der-traum-von-nikola-tesla-wahr-werden-soll

87) https://www.bloomberg.com/research/stocks/private/snapshot.asp?privcapId=432712223
88) Ferzak, Franz: Nikola Tesla - Biografischer Teil, Michaels-Verlag 2009, S. 178
89) Zenneck, J.: "Über die Fortpflanzung ebener elektromagnetischer Wellen längs einer Leiterfläche und ihre Beziehung zur drahtlosen Telegraphie", Annalen der Physik, Serial 4, vol. 23, Sept. 20, 1907, pp. 846-866
90) Wise, W.H.: The Physical Reality of Zenneck's Surface Wave", Bell System Technical Journal, vol. 16, No. 1, January 1937, pp. 35-44.
91) Norton, K.A.: The Physical Reality of the Space and Surface Waves in the Raddiation Fields of Radio Antennas", Proc. IRE, vol. 25, No. 9, Sept. 1937, pp. 1192-1202.
92) Goubau, G: "Über die Zenneckische Bodenwelle", Zeitschrift für angewandte Physik", vol. 3, 1951, pp. 103-107, english translation at: http://nedyn.com/Goubau_1951-X.pdf
93) Sommerfeld, A., "Über die Ausbreitung der Wellen in der Drahtlosen Telegraphie," Annalen der Physik, vol. 28, 1909, pp. 665-695..
94) Weyl, H., "Ausbreitung elektromagnetischer Wellen über einem ebenen Leiter (Propagation of Electromagnetic Waves over a Plane Conductor)," Ann. d. Phy., vol. 60, Nov. 1919, pp. 481-500; vol. 62, 1920, pp. 482-484.
95) Wise, W.H., "The Physical Reality of Zenneck's Surface Wave," Bell System Technical Journal, vol. 16, No. 1, January 1937, pp. 35-44.
96) Kahan, T., and G. Eckart, Proc. Inst. Radio Engineers, Vol. 38, 1950, p. 807.
97) Ratcliffe, J.A.: "Marconi: Reactions to His Transatlantic Radio Experiment", Electronics and Power, May 2, 1974, S. 322.
98) Hill, D.A., and J. R. Wait, "Excitation of the Zenneck Surface Wave by a Vertical Aperture," Radio Science, vol. 13, No. 6, November-December 1978, pp. 969-977.
99) http://www.evangel.edu/press_releases/2017/03/25/tesla-wireless-electricity-corum/
100) https://docs.google.com/file/d/0B0yESjhmQxBeX1Z0NzJXdFV1Y2s/view

101) Collin, R.E.: “Hertzian Dipole Radiating Over a Lossy Earth or Sea: Some Early and Late 20th Century Controversies”, IEEE Antennas and Propagation Magazine, vol. 46, No. 2, April 2004, pp. 64-79.
102) http://www.borderlands.de/Links/US2014252886A1.pdf
103) https://de.wikipedia.org/wiki/Bel_(Einheit)
104) http://www.texzontechnologies.com/
105) https://texzonutilities.com/utilities/
106) https://www.youtube.com/watch?v=7mZErR_ZR3E
107) http://www.figtreecapitalventures.com/projects/technology/kingdom-wireless-power/
108) http://www.figtreecapitalventures.com/pdf/Generic-Kingdom-Investment-Final.pdf
109) Devereaux, Richard T.: The Microgrid unplugged: Energy surety via wireless power, Texzon Technoogie LCC, 28 Sept. 2016, siehe auch unter: http://www.texzontechnologies.com/wp-content/uploads/2016/09/TWP-Paper.pdf
110) https://en.wikiquote.org/wiki/Nikola_Tesla
111) http://www.teslasociety.ch/TES_DOKU/Manuskript%20von%20Benjamin%20Seiler%20-%20Nikola-Tesla-kosmische-Energie-im-ueberfluss.doc.pdf
112) http://worldvisionportal.org/WVPforum/viewtopic.php?f=22&t=1140
113) https://www.ancient-code.com/nikola-tesla-ether-antigravity-and-harnessing-the-power-of-the-universe/
114) http://teslacollection.com/tesla_articles/1911/new_york_sun/marcel_roland/tesla_promises_big_things
115) http://softwarereviews4.com/the-don-smith-generator.html
116) http://www.borderlands.de/Links/res-the_smith_generator.pdf
117) https://web.archive.org/web/20071023072425/http://www.altenergy-pro.com:80/rec.htm
118) https://www.youtube.com/watch?v=cN1fnLr9VOI
119) https://web.archive.org/web/20071023072420/http://www.altenergy-pro.com:80/gallery.htm
120) https://www.google.com/patents/US685957
121) patents.google.com/patent/US10163537B2/en
122) http://nexusilluminati.blogspot.ch/2010/07/free-energy-

teslas-patented-aerial.html
123) http://www.borderlands.de/Links/US1540998A.pdf
124) http://www.free-energy-info.co.uk/Chapter3.pdf
125) http://www.free-energy-info.com/VladimirUtkin.pdf
126) http://www.tuks.nl/pdf/Reference_Material/Donald_L_Smith/78684817-Don-Smith-Rep-Zilano-Posts-Updated-Jan-11-2012.pdf
127) www.borderlands.de/Links/Grundsatz-Experiment.pdf
128) https://www.psiram.com/de/index.php/Don_Smith_Generator
129) http://www.free-energy-info.co.uk/Chapter3.pdf S. 3-155
130) Sapogin, L.G./Dzhanibekov, V.A./Rybov, Yu.A. : The Unitary Quantum Energy and the Modern Picture of the World, in: Current Trends in Technology and Science, ISSN: 2279-0535, Volume: 3, Issue: 4(June-July 2014), s.a: http://vixra.org/pdf/1411.0437v1.pdf
131) Sapogin, L.G./Ryabov, Yu.A./Graboshnikov, V.V.: New Sour ces of Energy from the Point of View of the Unitary Quantum Theory, Journal of New Energy, 1-18, p. 253-275, s.a.:www.borderlands.de/Links/Sapogin-NewEnergy-Issue1-18.pdf
132) http://www.aias.us/documents/mwe/omniaOpera/omnia-opera-521.pdf
133) http://aias.us/index.php?goto_showPageByTitle&pageTitel=Mayrom_Evans
134) http://www.borderlands.de/net_pdf/NET0710S9-13.pdf S. 9f.
135) http://www.borderlands.de/net_pdf/NET1105S37-42.pdf
136) https://gehtanders.de/ece-theorie/
137) Thieme, Horst & Angela: Strom der Zukunft, tredition 2021
138) http://www.borderlands.de/net_pdf/NET0316S40-46.pdf , S. 45
139) http://www.borderlands.de/net_pdf/NET0917druck S14-15.pdf
140) http://www.borderlands.de/net_pdf/NET0315S32-34.pdf
141) http://www.borderlands.de/net_pdf/NET0313S26-27.pdf
142) http://www.borderlands.de/net_pdf/NET0315S14-20.pdf
143) Oesterle, Otto: Goldene Mitte, Universalexperten-Verlag 1997
144) http://www.borderlands.de/Links/ZPEPaper.pdf

145) Schneider, Adolf & Inge: Die Heureka-Maschine - der Schlüssel von Dr. V.V. Marukhin zur Energiezukunft, Jupiter-Verlag 2017.
146) https://teslauniverse.com/nikola-tesla/articles/authors/nikola-tesla
147) Buttlar, Joh./Meyl, Konstantin: Neutrinopower - Der experimentelle Nachweis der Raumenergie revolutioniert unser Weltbild, München 2000, http://www.vielewelten.at/pdf/neutrino-power.pdf.
148) https://www.k-meyl.de/shop/product_info.php?products_id=91
149) https://de.wikipedia.org/wiki/Neutrino
150) N.N.: Das batterielose Elektroauto - Energieübertragung über die Luft, in "Welt der Fertigung", Ausgabe 01, 2013.
151) Meyl, Konstantin: Zur Sonderschau zu Raumenergie an der Südwestmesse vom 17.-25. Mai 2008 in Villingen Schwenningen, NET-Journal Nr. 7/8, 2008, S.24 - 27
152) Schneider, I: Neutrinopower am Maimarkt in Mannheim, NET-Journal Nr. 5/6,2009, S. 44-51, siehe auch: http://www.borderlands.de/net_pdf/NET0509S44-51.pdf
153) http://www.borderlands.de/net_pdf/NET0717S11-17.pdf
154) https://vault.fbi.gov/nikola-tesla/Nikola%20Tesla%20Part%2001%20of%2003/view S. 42, 54
155) https://teslaresearch.jimdo.com/articles-interviews/nikola-tesla-s-iradiant-energy-brooklyn-eagle-july-10-1932/
156) https://vault.fbi.gov/nikola-tesla/Nikola%20Tesla%20Part%2001%20of%2003/view S. 33f.
157) https://teslaresearch.jimdo.com/articles-interviews/tremendous-new-power-soon-to-be-unleashed-kansas-city-journal-post-september-10-1933/

Alle hier aufgeführten Quellen finden sich auch elektronisch unter www.borderlands.de/Links/Urkraft-Lit.-Teil2.pdf

Anmerkungen zu Teil 1

A1 Abfahrtsdatum der "New York" war der 7. November 1930, nicht der 8. November 1930 (Seite 29)

In der Aktennotiz von Heinrich Jebens, siehe S. 29, steht, dass er am 8. November 1930 mit dem Schnelldampfer 'New York' von Cuxhaven nach Amerika gereist sei. Wie sich nachweisen lässt, ist Heinrich Jebens tatsächlich auf der damaligen Passagierliste[38] verzeichnet gewesen. Allerdings ist das Schiff bereits am Freitag, den 7.11.1930, in Cuxhaven ausgelaufen. Weshalb sich Heinrich Jebens im Abfahrtsdatum geirrt hat, lässt sich nicht mehr rekonstruieren. Vielleicht hat ja auch sein Sohn, der Unternehmer Klaus Jebens, der die Aktennotiz auffand und publizierte, etwas falsch wiedergegeben.

A2 Petar Savo war nicht auf der "New York", die am 7.11.1930 von Cuxhaven ausgelaufen und am 15.11.1930 in New York angekommen ist (Seite 30)

In der Aktennotiz von Heinrich Jebens steht weiter, dass sich diesem beim Abendessen am 12.11.1930 ein gewisser Petar Savo vorgestellt hatte, der vorher Fliegeroffizier in der österreichisch-serbischen Armee gewesen war. Diese Behauptung kann nicht stimmen, weil auf der Liste der 1'666 Passagiere des Schiffs kein Petar Savo verzeichnet war. Siehe hierzu die Literaturangaben[37,38,39] in Teil 2.

Ausserdem ist unwahrscheinlich, dass Heinrich Jebens, der diese geheime Aktennotiz am 9.12.1930 nach seiner Rückkehr aus Amerika verfasst haben soll, den Namen Petar Savo gekannt haben könnte. Dieser Name ist im deutschsprachigen Raum zum ersten Mal im Buch "Revolution in Technik, Medizin und Gesellschaft" von Dr. Hans Nieper aufgetaucht (Literatur 31, Teil 2). Es ist jedoch davon auszugehen, dass der Sohn Klaus Jebens, der die Aktennotiz im Jahr 2001 beim Sichten älterer Akten seines Vaters entdeckt hat, die Geschichte von Petar Savo zu Nikola Teslas Automobil, wie sie in Dr. Niepers Buch wiedergegeben wurde, gekannt hat.

A3 Treffen von Heinrich Jebens mit Nikola Tesla im Waldorf-Astoria-Hotel war 1930 nicht möglich (Seite 30)

In der Aktennotiz von Heinrich Jebens steht auch, dass er sich mit Nikola Tesla im Waldorf-Astoria-Hotel getroffen haben soll, um die bevorstehende Fahrt anderntags nach Buffalo zu besprechen, wo er ihm den von Ätherenergie angetriebenen Pierce Arrow zeigen wollte. Dies kann so nicht stimmen, weil das originale Waldorf-Astoria-Grandhotel am 3. Mai 1929 geschlossen und dann abgerissen worden war. Das Nachfolgegebäude ist erst am 1. Oktober 1931 fertiggestellt worden. Es galt damals als das grösste und höchste Hotel der Welt, siehe unter https://de.wikipedia.org/wiki/Waldorf_Astoria

A4 Verwendung des Worts "Konverter" im Sinne von "Energiekonverter" (Seite 31)

Der Begriff "Konverter" als "Umwandler von Freier Energie" ist erst Anfang der 1970er Jahre bzw. später im Buch von Dr. Hans Nieper 1981 in die Umgangssprache der Freien-Energie-Freaks eingegangen. Es ist daher unwahrscheinlich, dass Heinrich Jebens 1930 diesen Begriff schon gekannt und in der heutigen Bedeutung verwendet hat. Seinem Sohn Klaus Jebens war der Begriff natürlich aus der Freie-Energie-Szene sehr wohl bekannt (Literatur 39, Teil 2).

A5 Konverter-Entwicklung in Kanada, Autoumbau in Buffalo, N.Y. (Seite 94)

Klaus Jebens schreibt, dass Tesla tatsächlich erst im Jahr 1929 in einem geheimen Labor in Kanada einen kleinen Konverter entwickelt habe, mit dem er ein Auto antreiben wollte. Der Umbau dieses Autos, eines Pierce-Arrow, soll 1930 in einer abgeschlossenen kleinen Halle am Stadtrand von Buffalo, N. Y., stattgefunden haben.

Hier stellt sich die Frage, woher Klaus Jebens diese Information bezogen hat. In der Aktennotiz seine Vaters war sie jedenfalls nicht enthalten.

Anmerkungen zu Teil 2

A6 Besuch von Heinrich Jebens bei Nikola Tesla in dessen Labor in Orange, N.Y., am 13./14. November 1930 (Seite 125)

Dieses Besuchsdatum, das Klaus Jebens beim Interview mit dem "NET-Journal" genannt hat, kann nicht stimmen. Denn Heinrich Jebens war zu dieser Zeit noch auf dem Schiff "New York" im Atlantik und ist erst am 15. November in New York eingetroffen. Hier hat sich Klaus Jebens offensichtlich im Datum geirrt.

A7 Heinrich Jebens und Petar Savo (Seite 126)

Wie bereits unter Anmerkung A2 dokumentiert ist, war Peter Savo nicht auf der Passagierliste des Schiffs verzeichnet, mit dem Heinrich Jebens am 7.11.1930 nach New York gefahren ist. Er kann ihn also dort gar nicht kennengelernt haben.

A8 Peter Savos reale Existenz bestätigt, aber mit Tesla nicht verwandt (Seite 131)

Wie Untersuchungen zweier Rechercheure auf dem Web-Blog power2world ergaben, lässt sich die Existenz von Peter Savo und sein Aufenthalt in Amerika mit grosser Sicherheit nachweisen, siehe : https://www.power2world.net/viewtopic.php?t=69 21.06.2018, 23:09.

Er wurde am 19. Juni 1895 (oder 1896) als Petar Slijepcevic in Knin im heutigen Kroatien, dem damaligen Königreich Dalmatien, geboren. 1919 heiratete er die in Villach in Österreich geborene Slowenin Anna Novak, und hatte mit ihr die Söhne Savo (!) und Georg. 1924 immigrierte er, zunächst ohne seine Familie, in die USA. Im Februar 1924 traf er mit dem Passagierdampfer "Olympic" in New York ein, und stellte kurz danach einen Einbürgerungsantrag. Im August 1929 wurde seinem Einbürgerungsantrag stattgegeben, und er änderte in diesem Rahmen seinen Namen in Peter Savo. Er nahm also den Vornamen seines ältesten Sohnes als Nachnamen an. Im März 1930 holte er seine Frau und seine beiden Söhne, die zu dieser

Zeit in Ljubljana im damaligen Jugoslawien lebten, zu sich in die USA. 1930 lebte die Familie in einer durchschnittlichen Mietwohnung in Detroit, und Peter Savo arbeitete dort in einer Autofabrik.

Ob und in welcher Weise er mit Nikola Tesla kommunizierte hatte, lässt sich vielleicht aus der fast 10'000 Einträge umfassenden Korrespondenzliste im Tesla-Museum in Belgrad herausfinden, siehe unter https://nikolateslamuseum.org/media/docs/correspondence.pdf. Über die Suche des früheren Namens P. Slijepcevic lassen sich die Blätter 613-617 in der Box 150 zuordnen. Zu seinem neueren Namen Peter Savo findet man Blatt 727 in der Box 145. Eine genaue Analyse des Inhalts dieser Dokumente durch Historiker könnte vielleicht wichtige Hinweise zur Beziehung von Peter Savo zu Nikola Tesla geben.

Vielleicht sind auch die Briefe von Fanika Tesla aus dem serbischen Ruma von Bedeutung, die diese an Tesla geschrieben hat (Box 143, Blätter 391-393). Fanika Tesla war wohl eine weitläufige Verwandte von Tesla, vermutlich von den Nachkommen einer der Onkel von Nikola Tesla väterlicherseits (Literatur 36). Bemerkenswert ist jedenfalls, dass Fanika Tesla am 9. Juni 1931 einen Brief an Nikola Tesla geschrieben hat. Das war etwas mehr als eine Woche, nachdem Peter Savo wieder in New York eingereist war.

A9 Ignitrons in der Leistungsendstufe des Tesla-Auto? (Seite 157)

Nachdem Petar Savo gegenüber Derek Ahlers einige technische Angaben zum Aufbau des "Energie-Konverters" gemacht hatte, stellten sich viele die Frage, wie eine solche Schaltung zur Ansteuerung eines 75-kW-Motors ausgesehen haben könnte. Zu der damaligen Zeit waren nur Verstärker mit Röhrentechnik bekannt.

An der 8. Konferenz für "Künftige Energie" vom 28.-30. Juli 2016 in Albuquercue, N.M., hatte der Elektroniker Mike Gamble sein Konzept vorgestellt, das auf den anfangs der 1930er Jahre entwickelten Ignitrons basiert. Diese waren in der Lage, sehr hohe elektrische Ströme zu schalten und wurden vor allem zur Gleichrichtung von Strömen eingesetzt, siehe hierzu die ausführliche Dokumentation des Vortrags unter: http://www.rexresearch.com/teslacar/NoBatterysNotes1.pdf

Allerdings kamen erst im Jahr 1934 ommerzielle Ignitrons auf den Markt. Sie brauchten eine Wasserkühlung und durften nur sehr geringen Neigungen ausgesetzt werden, was sie für einen Einsatz im Auto unbrauchbar machte. 1930/1931 war das Funktionsprinzip dieser Spezialröhren noch gar nicht ausgearbeitet, so dass die Spekulation von Mike Gamble, dass zwei bis drei solcher Röhren für die Leistungsendstufe eingesetzt waren, technisch nicht haltbar ist, siehe: https://www.power2world.net/viewtopic.php?=22&t=75

A10 Verstärkerröhren 70L7 im Tesla-Energiewandler? (Seite 158)

In fast allen Versionen der Geschichte vom Tesla-Pierce-Arrow wird erwähnt, dass drei der 12 Radioröhren des "Energie-Empfängers" vom Typ "70-L-7" gewesen sein sollen. Einen Röhrentyp mit dieser Bezeichnung, allerdings ohne Bindestriche, und mit angehängtem GT für "Glass Tubular" (die übliche Bauform aus Glas), gibt es tatsächlich. Allerdings wurde dieser Röhrentyp erst im März 1939 in den Markt eingeführt. 1930/1931, als die Testfahrten mit dem Tesla Pierce-Arrow stattgefunden haben sollen, gab es diesen Röhrentyp noch nicht.

Fazit

Es bleibt somit nach wie vor rätselhaft, mit welchen Elektronikkomponenten Nikola Tesla Anfang der 1930er Jahre eine leistungsfähige Ansteuerschaltung zum Betrieb seines auf Elektroantrieb umgebauten Piere Arrow zusammengebaut hatte.

Ebenso bleibt ungeklärt, aus welcher Quelle Tesla die Energie für eine längere Autofahrt abzapfen konnte. Eine Vielzahl wiederaufladbarer Bleibatterien hätten sich in seinem Pierce Arrow jedenfalls kaum unterbringen lassen. Somit muss die Energie drahtlos aus der Umgebung oder aus dem leeren Raum abgezogen worden sein.

Ergänzende Anmerkung

Am 11. August 2021 erhielt der Autor dieses Buches einen weiteren bemerkenswerten Hinweis, der ihm von einem seit Jahren bekannten österreichischen Geschäftsmann zugegangen ist. Dieser Unternehmer und Freie-Energie-Interessent wollte unbedingt Genaueres über die mysteriöse Teslaauto-Geschichte erfahren. Daher war er viele Jahre zuvor einmal mit seinem Privatflugzeug nach Belgrad geflogen, um sich etwas genauer im Tesla-Museum umzuschauen. Er kaufte dort das Buch "From Colorado Springs to Long Island", eine Monographie des Tesla Museums, das vor allem tagesaktuelle Aufzeichnungen der Aktivitäten Nikola Teslas von 1899 bis 1900 und von 1900 bis 1901 enthält. Allerdings fehlten dort die Einträge für 2 Tage .

Beim Mittagessen mit dem Direktor des Museums erfuhr er, dass die Bücher in der Bibliothek, die er eigentlich genauer studieren wollte, nach Moskau ausgeliehen worden seien. Als er ihn auf die zwei fehlenden Seiten aufmerksam machte, sagte ihm der Museumsdirektor, dass Tesla dort Details über das Konzept des späteren Elektroautos niedergelegt habe, dass aber diese zwei Seiten auf Anordnung aus Moskau hätten entfernt werden müssen. Auf die Frage, ob er sich nicht zuvor Kopien gemacht habe, bekam er eine bestätigende Antwort. Allerdings würde er dieses Dokument, sogar gegen ein entsprechendes "Backschisch" nicht herausgeben, denn sein Leben sei unbezahlbar ....

Man kann darüber spekulieren, was Nikola Tesla zu dieser frühen Zeit wohl Geheimnisvolles geschrieben hat. Jedenfalls war er schon früh davon überzeugt, dass es eine Möglichkeit gibt, kosmische Energie direkt zu nutzen. Wie er seinem Freund Robert Johnson, dem Herausgeber des Century-Magazins bereits im Juni 1902 geschrieben hatte, habe er bereits ein entsprechendes Gerät erfunden. Es sei vergleichbar mit einem elektrischen Generator, der keine Primärkraft benötige, also auf keine äussere Energiequelle angewiesen sei.

Reale Freie-Energie-Systeme und Perspektiven (Teil 3)

Es gibt Hunderte von Büchern zu Freier Energie - gerade die Autoren dieses Buches haben selber ein Dutzend geschrieben und noch ein Dutzend weitere in ihrem Verlag herausgebracht. Auch im vorliegenden Buch wurden eine Reihe Freie-Energie-Systeme vorgestellt. Die Autoren geben dezentralen Systemen den Vorrang vor dem Projekt Teslas der erdumspannenden Energieverteilung über Türme wie den Wardenclyffe-Tower. Teslas Idee bestand darin, elektrische Energie drahtlos via Ionosphäre über die Erde zu verteilen. Alternativ wäre es auch möglich, Energie durch Zenneck-Wellen durch oder über die Erde zu verteilen. Die Umweltforscherin Gabriele Schröter meint dazu, dass man ja nicht wisse, welchen Schaden die Erde davontragen würde. Mit Sicherheit würde die jetzt schon massive elektromagnetische Belastung der Umwelt – Elektrosmog! – noch mehr zunehmen. Ausserdem müsste eine solche Energieverteilung zentral gesteuert werden, was wiederum eine Versklavung der Energiebezüger mit sich ziehen würde.

Es gibt allerdings Firmen wie die Global Energy Transmission Company GET der russischen Physiker Leonid und Sergey Plekhanov, die sich zum Ziel gesetzt haben, in den nächsten zehn Jahren ein Netzwerk von dezentralen Energiestationen zur drahtlosen Energieübertragung über grössere Distanzen zu verwirklichen[1]. Dabei geht es vorerst um kleinere Leistungen, um zum Beispiel Drohnen für den automatischen Paketdienst einzusetzen.

Weiterhin sollen mobile Kommunikationsgeräte, Roboter, medizinische Geräte und andere Einrichtungen drahtlos mit

Das Projekt der autonomen Drohne – die hier durch eine kabellose Ladestation aufgeladen wird – realisiert die GET Company zusammen mit Hitachi.

Energie versorgt werden können als Alternative zu batteriegestützten Einrichtungen. Der Sitz der Firma ist in Woodland im US-Staat Washington.

Eine solche Technik macht Sinn, aber eine weltumspannende, zentral gesteuerte Energieversorgung nicht. Denn vom Zentralismus wollen wir alle ja frei werden, und das ist mit dezentralen Freie-Energie-Systemen möglich. So ist die Frage, die uns als Autoren und Redaktoren des "NET-Journals" immer gestellt wird, die: *"Wann können wir jetzt endlich ein Freie-Energie-Gerät bestellen und in unser Haus zur Stromversorgung oder als Heizung einsetzen?"*

Hier ein Überblick über aktuelle Freie-Energie-Systeme.

Infinity-Magnetmotor

Wie bekannt wurde, ist der aus der Ukraine stammende und in Südkorea wirkende Erfinder des Infinity-Magnetmotors Andrij Slobodian im August 2019 beim Brand einer Klimaanlage an einer Kohlenmonoxidvergiftung gestorben. Allerdings bezweifeln einige Insider, ob der Brand rein zufällig durch einen technischen Fehler aufgetreten ist.[2].

Beim Infinity-Magnetmotor handelt sich um ein Projekt, bei welchem Roberto Reuter von GAIA Verein und Robert Reich von GAIA Energy seit Jahren als Distributoren namhaft beteiligt sind. Am 4. Dezember 2020 erhielten die GAIA-Mitglieder (wozu auch die Autoren gehören) die Information: *"Zum Jahresende 2020 eine hoffnungsvolle Nachricht an alle MG10-Freunde: Es geht weiter!"*

3-kW-Magnetmotor von Infinity.SAV Geplant sind auch Geräte mit 7 kW bis kW Leistung[3].

Am 21. Januar 2021 teilte Roberto Reuter den Autoren mit, dass wöchentliche Telefonkonferehzen unter den weltweiten Distributoren stattfinden und dass sich diese zur Lösung der letzten technischen Probleme zusammen gefunden hätten. Dies ganz nach dem Motto von GAIA: *"Gemeinsam gelingt, was dem Einzelnen verwehrt ist!"* Der Kreis der bestehenden Distributoren sei zusammen gerückt und unterstütze Infinity SAV in Südkorea: *"Damit konnte das Fortbestehen der Firma stabilisiert werden, und die Möglichkeit der Weiterentwicklung des Generators rückt in greifbare Nähe."*

Magnetmotor der Firma IEC in Scottsdale/USA

Über diesen Magnetmotor informierte Frank Acland im April 2019 auf der E-Cat-World-Website[4]. Dort hatte Frank Acland geschrieben: *"Vielen Dank an Jonas Matuzas, der einen Link zu einem Video gepostet hat, in dem ein Magnetmotor in Aktion bei der Shooting Range Industries in Las Vegas/Nevada gezeigt wird. Der Motor wurde von einem Unternehmen namens Inductance Energy Corporation IEC entwickelt... Das Flaggschiff des Unternehmens heisst 'Earth Engine' und wurde von Dennis M. Danzik erfunden."*

Sogar im "Wallstreet-Journal" erschien ein ziemlich ausgewogener Artikel[5] über diesen Magnetmotor! Weitere Recherchen unsererseits und Kontakte zur Firma IEC führten dann schliesslich dazu, dass wir vom 21.-28. August 2019 die USA-Reise[6] antraten und bereits am 23. August in jenem Labor in Las Vegas standen, welches Frank Acland oben beschrieben hatte! Und dies zusammen mit dem Vizepräsidenten Russell Cook (der den dortigen Standort betreut) und dem Erfinder Dennis Danzik, der extra für das Treffen aus Scottsdale angeflogen war.

An dem Tag war es in Las Vegas 44 Grad heiss, aber wenn auch alle Räume - so auch das Labor - luftgekühlt waren, so wurde es uns bei der Demonstration des Magnetmotors trotzdem warm, denn die Sache, die wir dort zu sehen bekamen, war mehr als revolutionär.

Die Demonstration

Dennis Danzik führte uns in einem externen Container der Shooting Range Industries in einen Laborraum, in dem -

getrennt vom Gästeteil - die Maschine stand. Auffällig daran: die grossen Schwungscheiben. Daneben waren die gesamte Maschinensteuerung einschliesslich dem grossen Display zur Überwachung und Bedienung aller Funktionen und rechts davon die Batteriespeicheranlage zu sehen. Rechts davon zeigte uns Dennis die standardmässige Leistungsüberwachung, wie sie auch in der Solarindustrie üblich ist. Hier kann einerseits kontrolliert werden, wieviel Energie zum Starten der Anlage von der Batteriebank bezogen wird und wieviel Energie im Nennbetrieb von der Anlage in die Batterien kontinuierlich eingespeist wird. Rechts an der Wand war die grosse Batteriebank zu sehen, die aus acht Standardakkumulatoren (aus Lithium-Eisen-Phosphat) besteht.

Dennis startete die Anlage über einen Schalter, wobei sich zunächst wegen der hohen Masse der Schwungräder noch nichts tat. Danach öffnete er eine Abschlussplatte, durch die er in gebückter Haltung in den Maschinenraum einsteigen konnte. Er erklärte, dass sich die Schwungräder in beiden Richtungen drehen könnten, dass aber im praktischen Betrieb eine Vorzugsrichtung im Gegenuhrzeigersinn vorgesehen ist.

Der Erfinder des IEC-Magnetmotors Dennis Danzik links, rechts der Autor anlässlich des Besuchs vom 23. August 2019 der Firma Shooting Range Industries in Las Vegas/Nevada. Im Hintergrund der IEC-Magnetmotor.

Zur Demonstration drehte er das obere grosse Schwungrad von Hand in Uhrzeigerrichtung. Nach Loslassen wurde es erst langsamer, drehte sich dann aber schliesslich in der vorgesehenen Richtung im Gegenuhrzeigersinn und kam nach und nach auf Touren. Die Schwungräder bewegen sich im Prinzip gegenläufig, sind aber in ihrer Drehzahl unabhängig steuerbar. Die Drehzahlen des oberen und unteren Schwungrades waren an einem Messgerät direkt ablesbar. In der Mitte war die zentrale Stahlachse mit einem Durchmesser von 80 mm zu sehen, die sich in Spezialkugellagern drehte und magnetisch aufgehängt war. Der relativ grosse Durchmesser ist dadurch bedingt, dass bei einer Leistung bis zu 25 kW bei den relativ niedrigen Drehzahlen von bis 250 U/m ziemlich grosse Drehmomente übertragen werden müssen. Im oberen Teil sah man den sogenannten ZDrive, das heisst die Umwandlung der langsamen Drehzahl auf eine höhere Drehzahl mittels magnetischer Kupplung auf den stromerzeugenden Generator. Dieser Generator ist eine Eigenkonstruktion mit einer hohen Polzahl (32) auf Grund der niedrigen Drehzahl. Die erzeugten Spannungen liegen im Bereich von 100 V bei zum Beispiel 80 A (bei 8 kW). Im Konferenzraum informierten Dennis Danzik und Russell Cook die Autoren, dass der Magnetmotor je nach Umdrehungszahl zwischen 7,5 und 25 kW autonom erzeugen kann.

Am 25. August besuchten wir mit amerikanischen Freunden zusammen den Firmensitz der IEC in Scottsdale. Im Konferenraum trafen wir insgesamt fünf Direktoren. Einer davon, Tony Ker, war für das nachfolgende (vertrauliche) Gespräch extra aus Calgary/Kanada angereist.

Auch Dennis Danzik traf ein, um uns danach in die Halle zu führen. Es durfte nicht gefilmt oder fotografiert werden, doch auf deren Website sieht man das umseitige Bild mit dem Team und einer Maschine - im Vordergrund CEO William Hinz.

Das Team der IEC mit der Earth Engine, im Vordergrund der Geschäftsführer William Hinz, der auch an der Konferenz mit uns teilnahm.

Die ebenerdige Industriehalle, in welche die Gruppe geführt wurde, war ca. 500 m^2 gross. Hier sahen wir in der ganzen Halle verteilt verschiedene IEC-Maschinen in verschiedenen Entwicklungsphasen. Es waren etwa fünf Mitarbeiter zu sehen, einige standen an Drehbänken, andere an CNC-Maschinen und elektronischen Schalttafeln. Im Vordergrund stand eine der ersten Maschinen, die den Namen "Crystal" trägt. An dieser Maschine hatte ein Physikprofessor der California University im März 2019 mehrere Messungen durchgeführt, u.a. hochpräzise Drehmomentmessungen. Dies ermöglicht es, zusammen mit der Drehzahl die im Schwungrad abgegebene umgesetzte Leistung zu berechnen. Das Schwungrad dieser Maschine hat einen Durchmesser von etwa 1,5 m und ist aussen mit goldfarbenen Magnetplatten bestückt.

Dann ging man in den hinteren Bereich der Halle, wo Vince Meli der Gruppe erläuterte, wie die elektrische Installation von der Batteriebank bis zur Verteilung und Messung der Energie über verschiedene digitale und analoge Zähler verläuft. Des weiteren demonstrierte Dennis Danzik anhand eines Monitors, dass alle wichtigen Daten im 10-Sekunden-Rhythmus abgerufen und übertragen werden können. Dies dient der Fernabfrage und Überprüfung der Maschine. Die in diesem Bereich benötigte Elektrizität stammt aus dem kontinuierlich laufenden magnetischen Schwungrad, dessen Energieabgabe über einen Spezialgenerator mit Batteriekopplung und Umsetzung über Wechselrichter in 120-V-Standardspannung erfolgt. Bei der Besichtigung fragte die Autorin Dennis Danzik, was der Name "Earth Machine" zu bedeuten habe. Dennis antwortete, der Name stamme nicht von ihm, sondern sei einfach mal "da gewesen", aber er passe, denn es gehe ja um Naturenergie und um eine erdumspannende Technologie, wie das Signet hinter dem Firmengebäude zeigte[7].

Nikola Teslas "Rad der Natur"

Die Firma selber schreibt über ihre "Erdmaschine": *"Die Earth Engine verändert alles, was wir über die Energieerzeugung wissen, indem es sich mit dem verbindet, was Nikola*

Einige Freunde der Autoren und Direktoren der Firma IEC, in der Mitte der CEO William Hinz, der die Autorin freundschaftlich bei der Hand genommen hatte - ein Zeichen der guten Zusammenarbeit und Atmosphäre!

Tesla als 'das Rad der Natur' bezeichnete. IEC besitzt und entwickelt Technologien, die die Welt revolutionieren werden, beschäftigt jedoch ein begrenztes Forschungs- und Entwicklungsteam. Möglichkeiten für andere Unternehmen, die Technologien zu lizenzieren, werden in Betracht gezogen."

Die Autoren wurden beim Meeting vom 27. August 2019 darüber informiert, dass zum Beispiel die Lizenz für Deutschland für 2 Mio USD reserviert werden könne. Die Lizenz selber kostet 50 Mio. USD und könne dann zum Teil über den Verkauf von Geräten abgezahlt werden. Inzwischen hat sich – Stand 2021 – die Lage geändert: IEC verkauft keine Lizenzen mehr, sondern managt alles selber.

Die Resultate der USA-Reise

Die Autoren konnten bei ihrem Besuch an beiden Standorten der Firma feststellen, dass der IEC-Magnetmotor autonom funktioniert. Es sind Messdaten über die letzten Monate vorhanden. Die Resultate der USA-Reise waren die folgenden:

1. Die Earth-Engine hat einen Input von 300 W, einen Output (je nach Umdrehungszahl) zwischen 7,5 und 25 kW!!! Das ist ein COP von bis zu 80:1, das heisst, dass das Gerät praktisch ohne externe Energiezufuhr betrieben werden kann;
2. Wir konnten im Labor in Las Vegas einwandfrei feststellen, dass aus dem Strom, der aus IEC-Gerät floss, Batterien aufgeladen wurden;
3. Das 25-kW-System soll nach Fertigstellung der Seriengeräte 25'000 USD kosten, was einem sehr moderaten Preis entspricht (1'000 USD/kW). Der Herstellerpreis liegt bei 10'000.- USD. In der Anfangsphase werden die Geräte nicht verkauft,

sondern IEC schliesst mit dem Kunden einen Stromabnahmevertrag über 10 Jahre ab;
4. Im Labor in Scottsdale sahen wir etwa 15 Geräte in verschiedenen Entwicklungsstadien;
5. Ein Gerät versorgte einen Teil der etwa 500 m^2 grossen Industriehalle seit Monaten mit Strom und Licht.
6. Der Erfinder und die Firma IEC haben bereits 16 Mio USD in die Entwicklung gesteckt. Die weitere Finanzierung ist gesichert.

Es erschien im Jupiter-Verlag eine 20seitige A4-Broschüre[8] mit dem Titel "USA-Reise zur 'Earth Engine' mit technischen Details und Messresultaten". Siehe www.jupiter-verlag.ch

Die Kontakte mit der Firma wurden aufrecht erhalten und das Interesse europäischer Investoren und Firmen geweckt. Dementsprechend sagte Dennis Danzik zu, seine Technologie an einem der Kongresse des Jupiter-Verlags vorzustellen.

Inzwischen hat IEC in den USA einige Lizenzen verkauft und liefert bereits autonome 25-kW-Magnetmotoren aus für Arizona, Wyoming, Michigan und Florida. Die Lizenzen für diese Staaten hat eine Investmentgruppe in Detroit erworben. IEC startete die Produktion in einer neu errichteten Fabrik und stellt für eine Demo sogar eine fahrbare Demoanlage zur Verfügung. Die Lizenz erlaubt, die Maschinen eigenständig herzustellen, aber die zentrale Elektronik-Steuerung bekommen Lizenznehmer von IEC zugeliefert.

Eine Nachfrage Anfang 2021 bei IEC und Dannis Danzik ergab, **dass die Technologie in Europa erst 2023 eingeführt werden soll.** Vorerst konzentrriert sich die Firma auf die Verbreitung der Technologie im US-Markt.

Mitte des Jahres 2021 schrieb ein Redaktor der "Astrolight-Mediagroup" einen journalistischen Beitrag zum Thema "Gegen alle Physiik - das Geheimnis der Earth Engines" . Der mehrseitige Beitrag wurde in der Rubrik "Quantum Energy" publiziert, quasi als Hinweis, dass die Energie zu dieser Technlogie direkt aus dem Quantenfeld geliefert wird. Der Autor stellt klar, dass nach gängiger Physik Permanentmangete keine Energie abgeben können. Das sollte auch für anisotroposche Magnete gelten, wie sie der Erfinder Dennis Danzik entwickelt hat. Bei diesen Magneten ist die Anziehungskraft auf einer Seite 85% gross, während die Abstossungskraft auf der Gegenseite nur 15% beträgt. Auf die Frage, ob die neue Techlogie patentiert sei, antwortete Firmenleiter William Hinz, dass dies nicht geplant sei. Sie wollen ihr Know How so lange als möglich für sich behalten. Dies ist auch der Grund, dass die Geräte nicht verkauft, sondern nur vermietet werden[9].

Die Autoren dieses Buches konnten sich jedenfalls eindeutig davon überzeugen, dass diese Technologie funktioniert und Freie Energie im Prinzip für jedermann verfügbar ist.

Ecat SKLed und Ecat SKLep von Andrea Rossi

Andrea Rossi - der für seine autonomen Kalte-Fusion-Geräte bis zu 1 MW bekannt wurde - kündigte als erstes Massenprodukt eine hoch effiziente LED-Lampe sowie einen kleinen Energiegenerator für 100 W an. Am 15. März 2021 wandte er sich über die E-Cat-Website von Frank Acland mit folgender Botschaft an seine Interessenten, wiedergegeben im "NET-Journal"[10]:

"Mein neustes Produkt ist eine LED namens SK-LED (SK in Erinnerung an den verstorbenen Professor Sven Kulander, den Andrea Rossi sehr geschätzt hat, d. Red.). *Jeder kann sie kau-*

fen, ob privat oder geschäftlich. Die Zertifizierung wurde von einem unabhängigen Dritten vorgenommen, und sie garantiert für seine Funktion. Der Einkaufspreis hängt von den Mengen ab, die ein Grosskunde kaufen wird."

Ausserdem war dem Text zu entnehmen, dass die offizielle Präsentation (coronabedingt) im Dezember 2021 stattfinden soll. Allerdings werde das Produkt nur ausgeliefert, wenn mindestens 1 Million Bestellungen eingehen. Damit sei dann ein sehr günstiger Preis (zwischen 20 und 30 USD) garantiert und eine Amortisation innert max. eines Jahres[11].

Die Ecat SKLed ist eine kompakte LED-basierte Lampe mit der Leuchtkraft einer 100-W-LED-Lampe oder einer 700-W-Standard-Glühlampe.
Dank der Ecat-Technologie im Inneren verbraucht sie jedoch nur etwa 4 W Leistung, was einem Zehntel einer vergleichbaren LED entspricht.

Elektrische Daten:
Elektrische Leistung: 3,9 W, Spannung: 110/220 V +- 10% (alternativ 12 V), Frequenz: 50/60 Hz, Lichtvolumen: 10'000 Lumen, Dimm-Möglichkeit: Ja, Lichtfarbe: 5'000 K (weiss), Endkundenpreis: 25 USD

Die Autoren haben Andrea Rossi, den sie persönlich kennen, nach den Konditionen für den Vertrieb gefragt. Er antwortete mit der Frage, wie viele LEDs wir denn bestellen möchten. Dies war eine Frage, die wir zu dem damaligen Zeitpunkt noch nicht beantworten konnten. Doch am 25. November 2021 bestellten wir schon mal 20 LEDs für Netzanschluss und weitere 10 LEDs für Batterieanschluss.

Offizielle Präsentation am 9. Dezember 2021

Wie angekündigt, präsentierte die Leonardo Corporation zwei Produkte, die auf der neuen Ecat-basierten Technologie beruhen - einerseits die SKLed-Lichtquelle sowie eine quasi-autonome Stromquelle SKLep. Andrea Rossi gab persönlich in einem 14-minütigen Video einen Überblick zu den Produkten und ihren Eigenschaften. Im Anschluss an die Videopräsentation[12] fand eine Live-Fragestunde statt.

Daten des Ecat SKLep

Die Eigenschaften des Stromgenerators können als sensationell bezeichnet werden. Er liefert kontinuierlich eine Leistung von 100 W und benötigt nur eine Leistungsaufnahme von 1 W. Der COP, also der Coefficient of Performance, liegt damit bei 100:1.

Grösse: 7 x 7 x 9 cm Gewicht: 0.25 kg
Ausgangsspannung: 12 V DC
Ausgangsstrom: 8,3 A
Stromzufuhr an 12 V DC: 83 mA
Leistungsdichte: 0.23 kW/L
Spezifische Leistung: 0,4 kW/kg
Prognostizierte Lebensdauer: 0,1 Mio h
Recyclebar: Ja Garantie: 3 Jahre
Kosten pro Gerät: 250 USD

Die Geräte können kombiniert werden. Zehn SkLep liefern somit 1 kW. Bei einer Lebensdauer von 100'000 Stunden und einem Preis von 2'500 USD errechnen sich Stromkosten von 2,5 Cents/kWh. Für den Haushalt wird zusätzlich ein Wechselrichter benötigt, der aus 12 V DC eine Wechselspannung von 230 V AC erzeugt[14].

Ausschnitte aus dem Video vom 9. Dezember 2011

Hier sind die verschiedenen Komponenten zu sehen, die im Ecat SKLep eingebaut sind. Ein wesentlicher Teil ist die automatische Steuerung, durch die der Energieprozess überwacht und auf einem vorgegebenen Leistungsniveau gehalten wird.

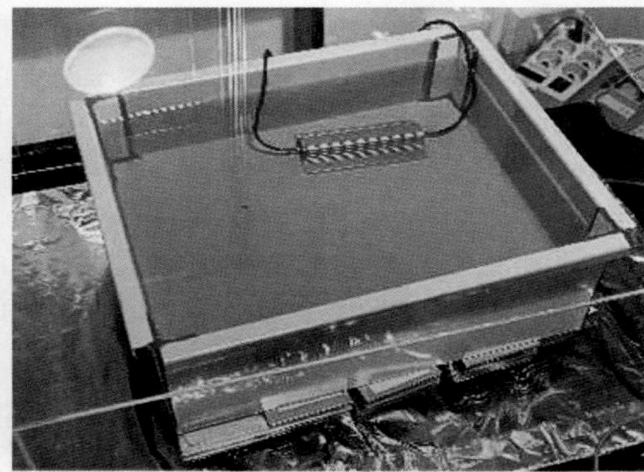

Dies ist der Tank, in dem der Mess-Widerstand in einem dielektrischen Ölbad liegt. Damit ist sichergestellt, dass sich der Widerstand bei Stromfluss nicht erwärmt, sondern seine Wärme voll an das Ölbad abgibt, dessen Behälter zusätzlich luftgekühlt wird. Auf diese Weise ist garantiert, dass der Widerstand seinen konstanten Wert behält und die Messung nicht verfälscht wird.

Im zweiten Teil der Präsentation verglich Andrea Rossi die Helligkeit seiner ECat SKLed mit einer 100 W-Standard-LED. Laut Firmenangaben soll mit 4 W zugeführter elektrischer Leistung ein Lichtstrom von total 10'000 Lumen erzeugt werden.

Genaue Messungen, die von der Universität Bologna durchgeführt wurden, zeigten indes eine geringere Lichtausbeute[13].

Reaktionen auf die Ecat-Präsentation

Die Leonardo Corporation, welche die Demonstrationen am 9. Dezember 2021 durchgeführt hat, meldete 5 Tage später bereits 100'000 Bestellungen für den Ecat SKLep, also den Stromgenerator. Am 25.12.2021 waren 300'000 Bestellungen eingegangen, am 6.1.2022 bereits 600'00. Die meisten Bestellungen, die zuvor für den Ecat SKLed, also die Lampen, eingegangen waren, wurden storniert und in Bestellungen für den SKLep umgewandelt. Wegen der geringen Nachfrage nach dem Ecat SKLed wird neu nur noch der Ecat SKLep angeboten. Sobald ein Bestellvolumen von 1 Million Stück vorliegt, beginnt die Serienproduktion.

Wie auf dem Blog von E-Cat-World festgehalten ist, reichen bereits vier bis fünf SKLep-Geräte aus, um den mittleren Strombedarf eines durchschnittlichen Haushaltes abzudecken. Das entspricht einem Jahresverbrauch von 3'504 bis 4'380 kWh. Um auch den Spitzenbedarf sicherstellen zu können, muss zusätzlich eine grössere Batteriebank sowie ein leistungsfähiger Wechselrichter angeschafft werden.

SKLep-Geräte mit Wechselrichter sind auch hervorragend geeignet, um ein Elektroauto "on board" und "off board" nachzuladen. Drei solcher Geräte reichen bereits aus, um den mittleren Strombedarf abzudecken.

Gewerbekunden, die Energie für Dampf-/Heisswasser-/Wärmeproduktion benötigen, können seit 2021 bei der Leonardo Corporation den Ecat-SKL für 20 kW über einen Mietvertrag anfordern. Sie zahlen dann für die verbrauchte Energie pro kWh einen deutlich günstigeren Preis, als sie beim ortsüblichen Tarif entrichten müssen[15].

Neutrino-Technologie

Diese Geräte der Neutrino Group unter CEO Holger T. Schubart kann man zwar jetzt noch nicht kaufen, aber wenn nicht alles täuscht, sind sie "im Anmarsch".

Holger T. Schubart und Manager Rainer Beyer präsentierten die Projekte der Neutrino Group anlässlich eines Veranstaltung der Schweiz. Arbeitsgemeinschaft für Freie Energie SAFE vom 11. September 2021 im Zürcher Volkshaus. Titel: *"NeutrinoVoltaik macht die benötigte Energiewende real und umsetzbar."*

Lisa Lehmann, Präsidentin der Schweiz. Arbeitsgemeinschaft für Freie Energie SAFE, begrüsst hier Holger T. Schubart, CEO der Neutrino Group, Berlin, und seinen Manager Rainer Beyer am 11. September 2021 zum Vortrag im Zürcher Volkshaus. Das Thema des Vortrags: *"NeutrinoVoltaik macht die benötigte Energiewende real und umsetzbar"*.

Im "NET-Journal"[16] erschien hiezu ein ausführlicher Bericht. Holger T. Schubart erläuterte, dass er eine persönliche Historie auf dem Gebiet der Neutrinoenergie habe, denn sein Vater, ein Kernphysiker, habe vor Jahrzehnten im Gotthardmassiv eine Demo einer Folie in Form einer leuchtenden LED gesehen. Weil die Energie durch dickste Mauern hindurchging, konnte es sich nur um Neutrinos gehandelt haben.

Das Thema liess ihn nicht mehr los, und als die Physiker Arthur McDonald und Takaaki Kajita den Nobelpreis für ihre Entdeckung, dass Neutrinos Masse (und damit auch Energie) haben, erhielten, gab es für ihn kein Halten mehr. Er begann, mit Forschern zu kooperieren, die Neutrinofolien entwickelt hatten, meldete den Begriff "Neutrino" als Trademark an und gründete 2014 die Firma Neutrino Deutschland GmbH.

Das in der Neutrinofolie verwendete Material – vor allem Graphen – wandle verschiedene Energiearten um, so auch – aber nicht nur – Neutrinostrahlung. Die geplanten dezentralen Anwendungen der Neutrinoenergie sollen sukzessiv die zentralisierte Energiewirtschaft mit ihren störenden Hochspannungsleitungen ablösen.

Das Pi-Auto

Eines der ehrgeizigsten Projekte der Neutrino Group ist das Pi-Auto, welches mit Neutrinofolien eingepackt werden soll und sogar die Energie der Aussenwärme nutzt, statt sie – wie im Sommer durch Klimaanlagen – zu vernichten.

Im "NET-Journal" wurde darüber berichtet[17], dass Neutrino Energy eine Kooperation in Indien mit Dr. Vijay Pandurang Bhatkar eingegangen ist.

Holger Thorsten Schubart mit Dr. Vijay Pandurang Bhatkar.

Dr. Vijay Pandurang Bhatkar wird der Neutrino Group bei der Entwicklung des Pi-Autos zur Seite stehen. Er ist ein Informatiker, der für die Entwicklung des High Performance Computing Programms der indischen Regierung bekannt ist. Er entwickelte in nur drei Jahren den Supercomputer PARAM, der Indien zu einer der führenden Mächte Asiens gemacht hat.

Am 24. März 2021 berichtete Holger T. Schubart folgendes: *"Es wird nun gemeinsam innerhalb der nächsten 36 Monate das Pi-Auto entwickelt, mit einer smarten Karosserie aus speziellen Metamaterialien, die in der Lage sind,*

Das Pi-Auto.

die durch die verschiedensten Energien der nichtsichtbaren Strahlenspektren aus der Umgebung (u.a. auch der Neutrinos) erzeugten Mikrovibrationen gemäss unserer umfangreichen Patentanmeldungen in elektrischen Gleichstrom zu wandeln. Die Zukunft der Elektromobilität benötigt keine Ladesäulen mehr und wird völlig unabhängig von 'unehrlichem Strom' aus der Verbrennung fossiler Brennstoffe sein."

Aus dem Bericht geht weiter hervor, dass die neue Partnerschaft zwischen einem der weltweit führenden Forschungs- und Entwicklungszentren für elektronische Materialien, dem C-MET Science Center (Indien), und der Neutrino Energy Group (mit Sitz in Berlin) vereinbart wurde.

Kostenpunkt: 2,5 Milliarden USD!

Dr. Vijay Pandurang Bhatkar, Rektor der indischen Nalanda-Universität, gab auf der International Conference on Multifunctional Electronic Materials and Processing MEMP 2021, die vom 8. bis 10. März 2021 stattfand, offiziell die Unterzeichnung eines Memorandum of Cooperation mit der Neutrino Group bekannt.

Für die Umsetzung des Projekts wurde ein Budget von 2,5 Milliarden US-Dollar veranschlagt und soll laut Shri Sanjay Dhotre, Staatsminister für Bildung, Kommunikation, Elektronik und Informationstechnologie der indischen Regierung, sicher die breiteste Unterstützung der indischen Regierung erhalten. Das Memorandum umreißt das Ziel der Zusammenarbeit in den Bereichen Materialwissenschaft, elektronische Materialien, 2D-Materialien, Schaffung von Quantenpunkten für die Neutrino-Energiewandlung und Entwicklung von angewandten Geräten.

Der Neutrino-Voltaik-Stromerzeuger

Am erwähnten SAFE-Vortrag informierte Rainer Beyer über den geplanten Neutrino-Voltaik-Stromerzeuger, der aus gestapelten Neutrinofolien besteht und 850 mm breit, 1200 mm hoch und 650 mm tief sein wird. Die Dauerleistung beziffere sich auf 5 kW bei 7,2 kW Maximalleistung. Die Neutrino-Voltaik-Module verwenden Aluminium und Silizium mit anderen Dotierungen, aber kaum Seltenen Erden. Er projizierte den Zeitplan für die Herstellung der Module in Industriequalität.

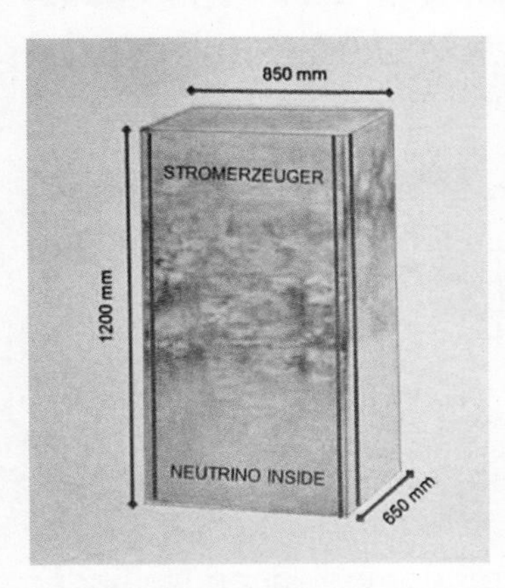

Abmessungen des Neutrino-Voltaik-Stromerzeugers, der eine Dauerleistung von 5 kW und eine maximale Leistung von 7,2 kW erbringen soll.

Der Zeitplan sieht vor, dass die Erstellung einer Experimentalanlage von Ende 2021 bis zum 2. Quartal 2022 dauern soll. Erste Prototypen sollen bis Mitte 2022 entwickelt sein. Die Zulassungen sind bis Ende 2024 geplant, Serienproduktion und Vermarktung sollen parallel bereits anfangs 2023 beginnen und bis Ende 2024 dauern.

Rainer Beyer projizierte dann eine Powerpointfolie zum Grössenvergleich von Photovoltaik- und Neutrino-Voltaik-Modulen. Wird bei der Energieerzeugung von 10 kWp über Photovoltaik PV eine Fläche von 100 m^2 benötigt, so sind es bei der Neutrino-Voltaik gerade mal 1 m^2. Dabei produzieren PV-Anlagen nur bei Sonnenschein Energie, während Neutrino-Voltaik Tag und Nacht Energie liefert.

Die Energiefolie

An der SAFE-Veranstaltung vom 11. September 2021 projizierte der Autor auch den Youtubefilm vom 4. Oktober 2019 mit dem Interview von Jo Conrad von www.bewusst.tv mit Skenderbeg Klaiqi und Holger T. Schubart, bei dem Skenderbeg seine Energiefolie demonstriert hatte. Das Interview läuft unter dem Titel "Neutrinofolie vorgeführt"[18].

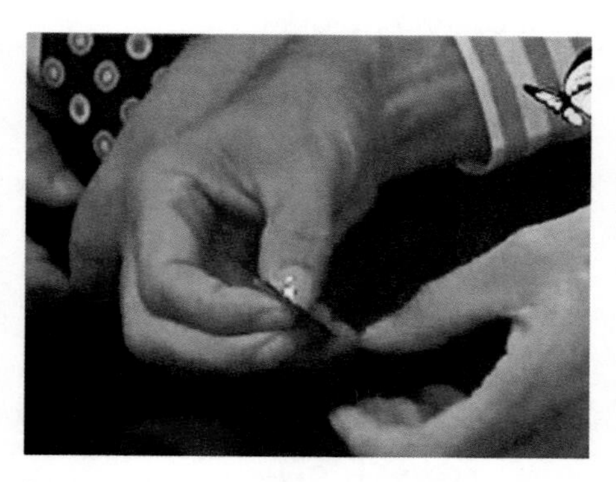

Das sind die Hände von Jo Conrad mit einer LED, die durch die Energiefolie von Skenderbeg Klaiqi zum Leuchten gebracht wird.

Kommentar von Jo Conrad dazu: *"Wohl erstmalig wurde in einem Fernsehstudio eine Technologie präsentiert, die unser aller Leben verändern und Umweltprobleme lösen wird. Eine spezielle, nanobeschichtete Folie liefert elektrische Energie...*

Der Forscher Skenderbeg Klaiqi, der im wissenschaftlichen Beirat der Neutrino Energy Group ist, führt diese Technologie vor. Ein Spannungsmessgerät wird an die Folie angeschlossen und liefert entsprechende Messergebnisse. Zu sehen sind auch Leuchtdioden, die an die Folie gehalten werden und leuchten, ausserdem wird beispielsweise ein Taschenrechner mit dem Strom aus der Folie betrieben.

Auch Moderator Jo Conrad hält ein paar kleine Folienteilchen und eine leuchtende Leuchtdiode zwischen den Fingern.

Diese zukunftsweisende Technologie ist natürlich nach oben hin skalierbar.

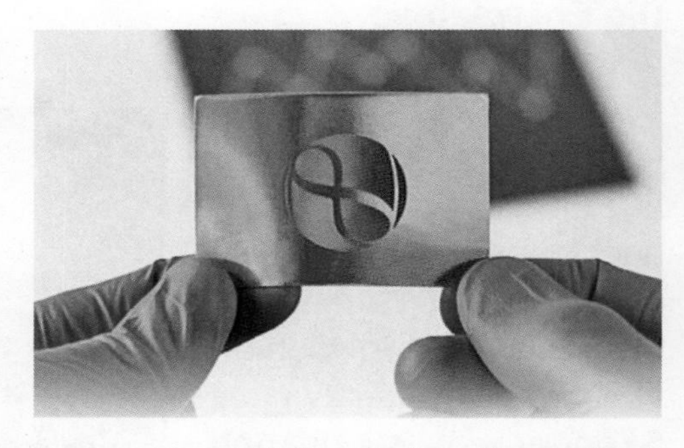

Text zu dieser Folie mit dem Ewigkeitszeichen (Firmenlogo der Neutrino Group): "Nach dem Atomzeitalter kommt das Neutrinozeitalter: weniger gefährlich und wesentlich effektiver."

Durch Schichten und Stapeln dieser Folien können auch grössere Mengen an Strom bereitgestellt werden, so dass in Kürze alle möglichen Neutrino-Energiewandler hergestellt werden können, die dann grundsätzlich jedes Elektrogerät unmittelbar bis hin zu Elektroautos autonom ohne Abhängigkeit zu Steckdose und Stromnetz mit elektrischem Gleichstrom versorgen können." Dieser kann natürlich bei Bedarf über Wechselrichter auch in Wechselstrom umgewandelt werden.

Damit wurde im Kleinen demonstriert, was im Grossen in Form der Neutrino-Voltaik-Powercubes und des Pi-Autos eines nicht fernen Tages möglich sein werden.

Der Hydraulic Energy Generator HEG von Dr. V. V. Marukhin oder die Heureka-Maschine

Grundlage dieser revolutionären autonomen Energiemaschine ist der hydraulische Stosswider, der heute teilweise noch in der Landwirtschaft und in den Bergen anzutreffen ist. Typisch ist dessen "Klack-klack-Geräusch".

Dabei handelt es sich um eine Vorrichtung, bei der die aus einem geringen Gefälle gewonnene kinetische Energie des Treibwassers benutzt wird, um einen Teil des Wassers mittels Stoßwirkung auf ein höheres Niveau zu transportieren, zum Beispiel von einer Fallhöhe von 5 m auf 150 m.

Der wichtigste Vorteil des Hydraulischen Widders ist die Möglichkeit, Wasser ohne zusätzliche mechanische, chemische oder elektrische Energie auf ein höheres Niveau zu befördern. Nachteilig ist der begrenzte Wirkungsgrad, weil ein grosser Teil des im Fallrohr beschleunigten Wassers über das Stossventil austritt und verloren geht, wie auf der folgenden Darstellung erkennbar wird.

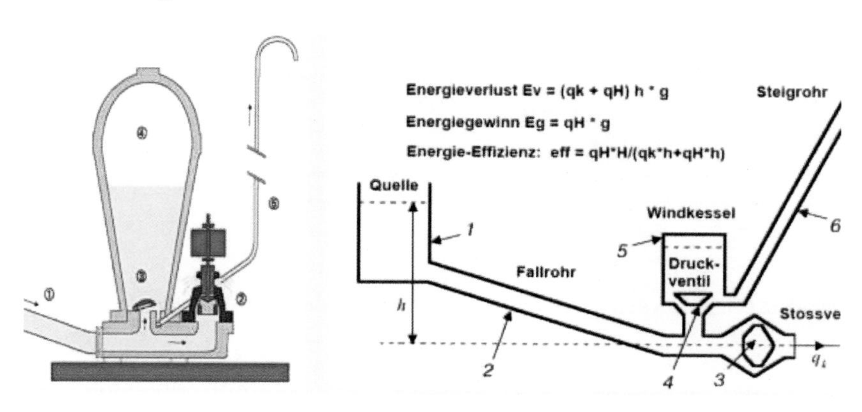

Der hydraulische Energie-Generator HEG

Die russischen Wissenschaftler Dr. V. V. Marukhin, Dr. V. A. Koutienkov und Dr. V. I. Ivanow stellten im Jahr 2005 in der Zeitschrift "Alternative Energetik und Ökologie" einen modifizierten Hydraulischen Widder vor, der ohne Wasserverlust auskommt. Das Prinzip wurde bereits auf Seite 218f vorgestellt.

Statt mit einem sich nach aussen öffnenden Stossventil ist dieser Widder mit einem internen Flatterventil ausgerüstet, das sich im Takt der schwingenden Flüssigkeitssäule öffnet und schliesst[20]. Aus theoretischen Gründen kann hier das Wasser nur bis maximal auf die doppelte Fallhöhe hochsteigen. Indem

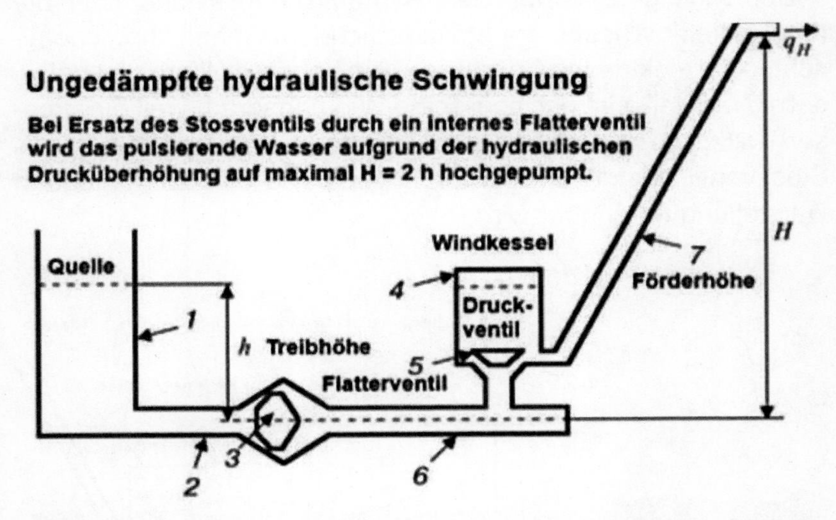

Modifizierter hydraulischer Widder ohne Wasserverlust von Dr. V. V. Marukhin und Team.

nun das durch den Druckstoss hochgepumpte Wasser zur Quelle zurückgeführt wird, lässt sich ein solches System auto-

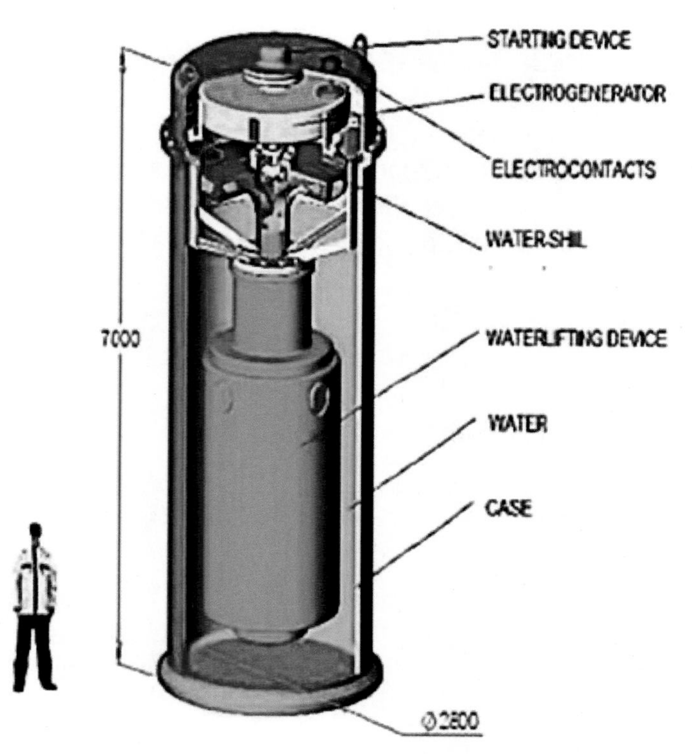

nom betreiben und über das Schwerkraftfeld Energie gewinnen. Derartige Hydraulische Energie-Generatoren können auch in einen See versenkt werden, wobei zum Start ein Mindestdruck (eine Mindesttiefe) erforderlich ist.

Bei praktisch gebauten senkrechten HEG-Anlagen (grün) – siehe Bild oben – wird der pulsierende Wasserstrahl direkt auf eine Segner-Turbine (blau) geleitet, die mit einem elektrischen Generator (gelb) gekoppelt ist[21]. Eine Anlage von 7,9 Meter Höhe mit 2,8 m Durchmesser und einem Gewicht von 34 t produziert eine Leistung von 1’000 kW (1 MW).

Neue 1-MW-HEG-Röhre in Kompaktausführung

Die Entwicklung der HEG-Kraftwerke seit 2009 basiert auf kompakten Röhren aus Superstahl bzw. Titanlegierungen, in denen ein Gaspolster auf einer Flüssigkeit schwingt[22]. Der mittlere Arbeitsdruck beträgt 3'000 bar, die Zyklusfrequenz 3'000 Hz. Die Röhre ist 0.8 m hoch bei einem Durchmesser von 0.2 m.

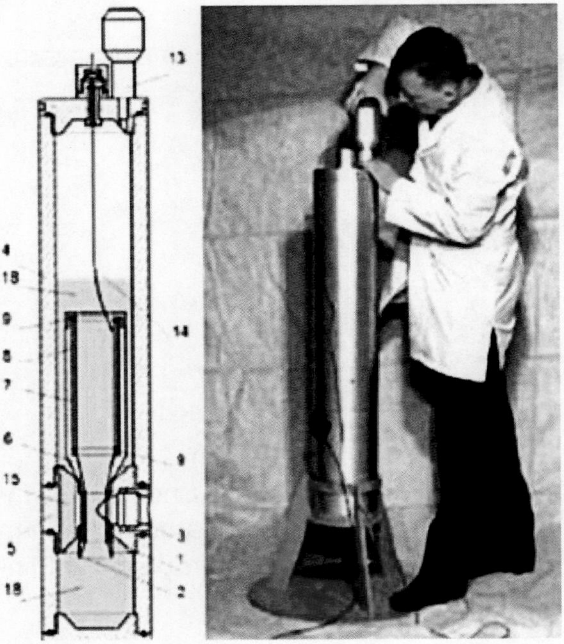

Die neueste Konstruktion der HEG-Röhre von 2021 hat bei einer Ausgangsleistung von 1'000 kW eine auf 42 cm reduzierte Höhe bei einem Durchmesser von 0,15 m und einem Gewicht von 40 kg.

Die hier abgebildete Röhre liefert die Grundlage für eine Energieerzeugung von 1 MW autonom. Die gesamte Anlage umfasst dann noch einen DC/DC- und DC/AC-Wechselrichter und wird in einem Container eingebaut.

Die permanent über einen piezoelektrischen Druck-Spannungs-Wandler erzeugte Hochspannung wird in einer externen Elektronik-Schaltung gleichgerichtet und über Wechselrichter auf Industrie-Spannungsniveau von 400 V/50 Hz umgeformt.

Die 1-MW-Energiezentrale ist in einem transportablen Container eingebaut, indem ausser der Energieröhre die Hochspannungs-Gleichrichtung, die DC-DC-Wandlerstufe, z.B. von 30 kV auf 1 kV, sowie der DC-AC-Wechselrichter zur Bereitstellung der Wechselstrom-Leistung für den Verbraucher (Industriebetrieb, Wohnsiedlung, Baustelle, Elektroautô-Tankstelle usw.) eingebaut sind. Überschüssiger Strom kann ggf. auch ins Netz eingespeist werden[23].

Container (Demo-Bild), in dem ausser der Energieröhre die Hochspannungs-Gleichrichtung, der DC-DC-Wandler, zum Beispiel von 30 kV auf 1 kV, sowie der DC-AC-Wechselrichter eingebaut sind.

Typ	Firma	Leistung in kW	Fläche in m²	Investment pro kW	Betriebszeit pro Jahr	Ertrag pro Jahr	Amortisation in Jahren
Diesel	Beliebige	1000	20	500 €	90 %	0.85 Mio €	0.59
Wasser	Beliebige	1000	200	3500 €	100 %	0.95 Mio €	3.70
Wind	Beliebige	1000	5000	1200 €	19 %	0.18 Mio €	6.6
Solar	Beliebige	1000	9500	1100 €	11 %	0.10 Mio €	9,62
IE-MAG	IEC USA	1000	60	1000 €	100 %	0.95 Mio €	1.05
Inf.-SAV	Infinity KR	1000	50	2000 €	100 %	0.95 Mio €	2.10
MY-MAG	Yildiz/TK	1000	70	1500 €	100 %	0.95 Mio €	1.58
G-Kraft	Rosch	1000	250	4000 €	100 %	0.95 Mio €	4.20
HEG	Marukhin	1000	15	1000 €	100 %	0.95 Mio €	1.05
BLP	Suncell	1000	15	100 €	95 %	0.90 Mio €	0.11
E-Cat	Leonardo	1000	15	1500 €	95 %	0.90 Mio €	1.67
DEG	ONION	1000	60	1334 €	95 %	0.90 Mio €	1.48

Vergleich von Energiewandlern bezüglich Amortisation bei Stromertrag von 10,8 Eurocents/kWh. Es wird erkennbar, dass der HEG von Dr. Marukhin mit einer benötigten Fläche von 15 m² und einer Amortisation innert 1 Jahr im Vergleich mit anderen konventionellen und alternativen Technologien konkurrenzlos dasteht[24].

Der HEG: lukrativ und ökologisch!

Wenn man bedenkt, dass zum Beispiel Deutschland bis zum Jahr 2030 aus der Kohleindustrie aussteigen will, braucht es solche hocheffizienten, autonom und dezentral arbeitenden Industrieanlagen wie den HEG, um Stromausfälle im Verbundnetz zu überbrücken.

Selbst bei einem Endkundenpreis von 1'000 Euro/kW amortisiert sich die Anschaffung einer solchen Anlage in Kürze, weil keine Kosten für Treibstoff anfallen. Diese Technologie bezieht ihre Energie aus der Umgebung, dem Hintergrundfeld, oder - wie Dr. Marukhin sagt - über Kopplung an die Kernschwingungen der Atome.

Die Autoren dieses Buchs haben 34 Jahre lang geforscht, eigene Projekte entwickelt, Erfinder unterstützt und Reisen durchgeführt, bis sie diese Energiemaschine entdeckten, weshalb sie dann ausgerufen haben: *"Heureka, wir haben es gefunden!"*
Sie schrieben daher das Buch:

"Die Heureka-Maschine - der Schlüssel von Dr. V. V. Marukhin zur Energiezukunft"

Gibt man den Begriff "Heureka" im Internet ein, so erhält man unter anderem Informationen und Bilder der Maschine von Jean Tinguely. Sie steht beim Zürichhorn am Zürichsee und begeistert die vorbeigehenden Spaziergänger. Jean Tinguely hatte diese Tingeltangel-Maschine im Auftrag der Schweizer Landesausstellung Expo64 in Lausanne als monumentalen Signalturm gebaut[22]. Einmal elektrisch in Gang gesetzt, rotiert, knarrt, rasselt und rattert die Maschine vor sich hin - wie eine Art Perpetuum mobile. Aber da sie für ihren Betrieb Strom braucht, ist sie eben kein Perpetuum mobile.

Anders bei der Heureka-Maschine, um die es in diesem Buch geht: Die läuft nämlich, einmal in Gang gesetzt, immer. Doch daraus zu schliessen, dass es sich hier um ein Perpetuum mobile handeln könnte, wäre verfehlt, denn die Maschine läuft nicht “aus sich heraus”, sondern sie bezieht ihre Energie aus dem unerschöpflichen Energiereservoir des Universums! Genauso, wie dies Nikola Tesla schon 1892 vorausgesagt hat (siehe hierzu S. 194f)

Adolf und Inge Schneider: “Die HeurekaMaschine - der Schlüssel von Dr. V. V. Marukhin zur Energiezukunft”, ISBN 978-3-906571-31-7, brosch., 200 Seiten, Jupiter-Verlag, 2017, 19.80 Euro/Fr. 25.-
Details unter www.jupiter-verlag.ch

Das Titelbild von der Alexander Osokin’s Gallery heisst denn sinnigerweise auch “Door of the Universe”! Tor des Universums[26]!

Es war eine lange Odyssee nötig, um dieses Ziel zu erreichen. Auf dem Weg, der Freien Energie zum Durchbruch zu verhelfen, investierten die Autoren sehr viel eigenes Geld und Mittel aus dem Verkauf von Aktien usw. in die Förderung von Erfindern, in den Nachbau von Geräten, eigene Projekte und Patentanmeldungen, in Studienreisen zu Erfindern zur Evaluierung von Technologien (USA, Kamerun, Thailand, Spanien, Ungarn, Kroatien, Italien, Belgien, Russland usw.).

Zur Umsetzung von Freie-Energie-Geräten hatten sie mehrere Firmen gegründet, deren Geschäftsführer sie sind. Doch erst im Jahr 2016 erreichten sie das Ziel beim Kennenlernen von Dr. V. V. Marukhin und seinem hydraulischen Energieaggregat, das in seiner Einfachheit, Effizienz (1 MW in einer 80-cm-Röhre!) und seiner Komprimiertheit einzig dasteht.

Die Grenzen des Erreichbaren

Einige mögen sich vielleicht fragen, ob in unserer Zeit überhaupt etwas grundsätzlich Neues möglich sei. Unsere Antwort und die von Dr. V. V. Marukhin: Ja, es ist möglich!

Wir erinnern an Max Planck (1858-1947), der vor Aufnahme seines Studiums vor der schweren Entscheidung stand, was er studieren solle. Um sich die Entscheidung zu erleichtern, fragte er den Münchner Physikprofessor Philipp von Jolly, ob es sich lohne, Physik zu studieren. Von Jolly riet ihm davon ab, denn alles Wesentliche sei schon erforscht[27]. Mit dieser Ansicht stand von Jolly nicht allein. Etliche Wissenschaftler waren gegen Ende des 19. Jahrhunderts davon überzeugt, dass die Suche nach physikalischer Erkenntnis an ihrem Ende angelangt sei.

Der Rest ist Geschichte. Der spätere Nobelpreisträger Max Planck hat mit der Begründung der Quantenphysik ein neues Kapitel der Physik aufgeschlagen, er hat gewissermassen ein neues Zeitalter eingeläutet. Genauso ist es mit der revolutionären Erfindung von Dr. V. V. Marukhin: Auch sie läutet ein neues

Zeitalter der Technik und Wissenschaft ein - eines, das die Phantasie beflügelt und bisherige Grenzen sprengt. Das ist das Thema dieses Buches.

Verfügbarkeit, Demo

Die Autoren haben als Geschäftsführer mehrerer Firmen die Generallizenz (169 Länder) einer 1-MW-Anlage gesichert und gehen im Jahr 2022 in Produktion. Die Produktionszeit einer 1-MW-Maschine dauert am Anfang zwischen vier und sechs Monaten, später wird mit drei Monaten gerechnet. Einige Geräte werden in der Firma von Dr. V. Koutienkov produziert, der für russische Lizenznehmer bereits Anlagen gebaut hat.

Manche Unternehmer fragen immer wieder nach einer Demoanlage. Tatsache ist, dass sich Dr. V. V. Marukhin und sein Team in mehreren Ländern (Russland, Griechenland, Spanien) schon vor zehn Jahren um eine Zulassung bemühten, jedoch auf taube Ohren stiessen. Es blieb ihnen dann nichts anderes übrig, als die Technologie "unter der Hand" zu vertreiben, zum Beispiel zur Entsalzung von Meerwasserentsalzungsanlagen, die bisher mit Diesel betrieben wurden.

Es wird Sache des Generallizenznehmers sein, Zulassungen in Europa zu erlangen, um die Technologie, welche wie keine andere die Energiewende herbeiführen kann, grossflächig einzuführen.

Zur Vorgehensweise, zu Verkaufspreisen und zum Stand der Technik ist Näheres zu erfahren unter www.transaltec.ch

Das autonome Auftriebskraftwerk der Firma Rosch AG in Spich/DE und Thailand

Diese Technologie gab seit ihrer Bekanntmachung im Herbst 2013 viel zu reden. Die Redaktoren des "NET-Journals" konnten am 15. November 2013 das Ursprungsmodell dieses Auftriebskraftwerks in einem Labor in Belgrad anschauen[28]. Die dort demonstrierte 8 m hohe Anlage (ein Teil des Turmes war im Boden versenkt) leistete 11,4 kW und benötigte für die Erzeugung der in die Auftriebsbehälter eingeblasenen Pressluft eine Eingangsleistung von 1,6 kW. Dies entspricht einem COP von 7:1.

Es gab dann ab 2015 eine Kooperation der Rosch AG mit Sitz in Spich/DE mit GAIA Energy für den Bau, die Finanzierung und die Lancierung einer 5-kW-Anlage[27,28]. Wegen Differenzen zwischen GAIA und Rosch beendeten die beiden Firmen ihre Zusammenarbeit.

Besuch in Spich am 14. April 2016

Am 14. April 2016 konnten die Redaktoren – auch als Geschäftsführer der TransAltec AG – die Firmenzentrale der Rosch Deutschland GmbH in Spich besuchen und die neuste 60-kW-Demoanlage in Funktion besichtigen. Bei der Demo der dortigen 60-kW-Anlage wurde deutlich, dass die Firma offenbar über ein spezielles Knowhow verfügt. Dieses ermöglicht es dem Unternehmen, als Marktplayer in diesem Bereich aufzutreten und sowohl die Einführungs- als auch Preis-Strategie zu bestimmen.

Obwohl die vom Hersteller angebotenen Anlagen mit einem kW-Preis zwischen 4'000 Euro/kW (bei 200 kW) und 2'000 Euro/kW bei Grossanlagen (100 MW) ein beachtliches Investment bedeuten, informierten Detlef Dohmen und CEO Hanns-Ulrich Gaedke, dass sich die Technologie des Kinetic Power Plant KPP längerfristig durchaus lohnt, weil keine Kosten für Treibstoffe anfallen. Zwar benötigen auch Solar- und Windenergieanlagen keine Treibstoffe, doch steht deren Energie nur zeitweise zur Verfügung, während Auftriebsanlagen rund um die Uhr laufen. Daher ergeben sich für KPP-Kraftwerke Amortisationszeiten von wenigen Jahren und Stromgestehungskosten im Bereich zwischen 2 und 4 Euro-Cents.

Die Autoren und Redaktoren des "NET-Journals" am 14. April 2016 zu Besuch bei der Rosch GmbH in Spich. Im Hintergrund ein autonom laufendes 60-kW-Kraftwerk.

Trotz oder vielleicht gerade wegen der revolutionären Funktionsweise kam die Firma in Verruf. Man munkelte, die Technologie funktioniere nicht autonom oder nicht so, wie die Firmenvertreter dies behaupten würden, nämlich aus dem Auftriebsteil, sondern die Energievervielfachung geschehe im Generator. Das heisst: Der Auftriebsteil sei eine Art Camouflage, um die wirkliche Funktion aus dem Generator zu verbergen. Es gab sogar Betrugsvorwürfe, die jedoch Rosch gekonnt abschmetterte. In einem Fall liess die Firma es gar nicht zur Gerichtsverhandlung kommen, sondern sie zog sich vorher zurück.

Zur Funktionsweise

Die Firma Rosch GmbH erklärt die Funktionsweise des Auftriebskraftwerks so[32]: *"Die Firma Rosch Innovations/Save The Planet AG hat sogenannte Kinetik- oder Auftriebskraftwerke entwickelt, die selbstlaufend sind, d.h. ohne Brennstoffe, Windkraft oder Sonnenenergie dauerhaft nutzbare elektrische Energie erzeugen. Diese emissionsfreien Kraftwerke bestehen aus einer Steuereinheit, einem elektrischen Generator, einem elektrisch betriebenen Kompressor, der Druckluft erzeugt, einer Wassersäule, die einen Kettenantrieb enthält, befüllbaren Behältern, die am Kettenantrieb befestigt sind, und einem Ventilsystem, das die Behälter mit Luft füllt."*

Vom mobilen bis zum stationären Einsatz

Nachdem die Firma im Jahr 2018 einen Teil ihres Forschungs- und Entwicklungsbetrieb nach Thailand disloziert hatte, wurde es still um die Firma, wobei der Hauptsitz in Spich/Troisdorf bleibt. In Thailand sollen vor allem elektrische Kraftfahrzeuge: „Plug & Drive“ gefördert werden, nach dem Motto der Firma "Save the Planet". Da der tägliche Straßenverkehr überwiegend fossile Brennstoffe verwendet und somit CO_2-Emissionen freisetzt, sieht sich die Firma in der Pflicht, innovative Technologien kontinuierlich zu entwickeln und voranzutreiben.

Aus diesem Grund starteten Rosch Korea sowie Rosch Innovations Thailand 2018 unter der Leitung von Professor Dr. John Kim die Produktion und Vermarktung von elektrisch betriebenen Fahrzeugen[33]. Doch nicht nur das: Die Produktion von Kraftwerken wird zügig weiter verfolgt[34]. Rechts ist eine 500-kW-Röhre zu sehen, die von einem Kran in ein vorbereitetes Loch versenkt wird. Eine Röhre weist einen Durchmesser von 2,5 m und eine Höhe von 25 Metern auf. Die Auftriebs-Anlage ausser dem oberen Antriebsteil bleibt im Boden verborgen.

Autonome 500-kW-Anlage auf dem Gelände der Firma Rosch GmbH in Thailand.

200-kW-Systeme bis zu 100 MW

100 MW tönt nach sehr viel, sogar im Vergleich zu einem Kernkraftwerk. Das Atomkraftwerk Mühleberg bei Bern produzierte zum Beispiel 350 MW bis zur Betriebsstilllegung 2019. Den Autoren wurde bekannt, dass sich ein deutscher Industrieller für den Kauf einer 5-MW-Anlage interessiert und die Technologie bereits eingehend gecheckt hat. Wenn man aber bedenkt, dass eine 5-MW-Anlage "nur" aus zehn 500-kW-Röhren und vier Reserveröhren besteht, die nebeneinander plat-

ziert werden, ist das eine handhabbare Technologie. Allerdings darf man sie nicht vergleichen mit den kleinen, eleganten und hoch effizienten Energieröhren von Dr. V. V. Marukhin. Da aber die Energieröhren von Dr. V. V. Marukhin erst 2022 in Produktion gehen, während das Power Plant Kraftwerk in Thailand bereits demonstriert und verkauft werden kann, weist diese Technologie einige Vorteile auf.

Da die Autoren auch Interessenten für solche autonomen Industrieanlagen haben, fragten sie bei Rosch-Direktor Hanns-Ulrich Gaedke nach. Dieser hatte an ihrem Kongress "Universale Energietechnologien" vom 28./29. Juni 2014 in München eine kleine Demoanlage des Auftriebskraftwerks gezeigt[35].

Hanns-Ulrich N. Gaedke, Direktor der Rosch GmbH, zeigte am Kongress vom 28./19. Juni 2014 des Jupiter-Verlags eine Demoanlage.

Es war eine Premiere, war doch diese Technologie noch nie zuvor an einem Kongress vorgestellt worden. Hanns-Ulrich Gaedke, CEO der Rosch Innovations Deutschland GmbH, traf gleich zu Beginn seiner Ausführungen den Nerv der Teilnehmer mit einigen Zitaten, zum Beispiel von Albert Einstein: *"Wenn eine Idee nicht zuerst absurd erscheint, taugt sie nichts!"* oder (von Unbekannt): *"Wer sagt, etwas geht nicht, sollte die nicht stören, die gerade dabei sind, es zu tun!"*

Ganz klar: Die Firma Rosch hat sich von niemandem stören lassen, zu tun, was sie tun wollte und tun musste: neue ökologische Technologien aufgreifen, optimieren, vermarkten. Sie hätten sich aus eigener Kraft kapitalisiert, ohne Abhängigkeit von Dritten, liess Hanns-Ulrich Gaedke durchblicken. Die Umweltsituation hätte sich gegenüber früher radikal geändert: der heutige Ressourcenverbrauch zeitige Folgen durch Versteppung, Abholzung, Umweltzerstörung. Rasche Lösungen seien daher gefragt und würden von der Rosch AG angeboten.

Eindrücklich war danach die Demonstration des mitgebrachten Funktionsmodells eines Rosch-Auftriebskraftwerks von 2,35 Meter Höhe und etwa 60 cm x 60 cm Grundfläche. Durch die Plexiglaswände hindurch konnte man die gesamte Konstruktion sehen, die aus zwei Laufketten bestanden, an denen insgesamt achtzehn wassergefüllte Behälter aufgehängt waren. Der ganze Turm war bereits vorher zu 90% mit Wasser gefüllt worden. Nach Einschalten eines kleinen Pressluftaggregats wurde über ein angekoppeltes Ventil aus dem unteren Behälter das Wasser herausgepumpt, worauf sich der Paternoster langsam in Bewegung setzte. Anschliessend wurde der zweite Behälter mit Luft gefüllt und so weiter.

Hanns-Ulrich Gaedke am Kongress "Universale Energietechnologien" vom 28./29. Juni 2014 in München.

Nachdem alle Behälter auf der einen Seite luftgefüllt waren, erreichte das System seine Maximalgeschwindigkeit. Auf der Oberseite des Turms waren kleine Lämpchen angebracht, die von einem Generator gespeist wurden, der von einem Antriebszahnrad des Paternosters in Bewegung gesetzt wurde. Jeder Teilnehmer konnte sehen, dass diese Anlage autonom und ohne externe Energie lief.

Hanns-Ulrich Gaedke erwähnte zum Schluss, dass der Output dieses Modells wegen seiner begrenzten Grösse kleiner sei als der Input. Bei grösseren Modellen – wie dem Prototypen in Belgrad – sehe es anders aus. Die Grosskraftwerke würden selbstverständlich völlig autonom laufen.

Aktuelle Situation

Das war 2014. Nachdem die Autoren im November 2021 Anfragen potenzieller Käufer von Grosskraftwerken erhalten hatten, erkundigten sie sich bei Hanns-Ulrich Gaedke nach dem Stand und ob die Grosskraftwerke in Thailand "hieb- und stichfest" funktionieren würden. Am 27. November antwortete er:

"In der Tat: 'hieb- und stichfest' in unseren Augen. Aber die Bewertung der Fakten liegt ja immer gern im Auge des Betrachters. Sicher wissen Sie: Wir haben am Standort Thailand jeweils eine 100-kW- und 500-kW-Anlage im Echtzeitbetrieb laufen. Die eine versorgt unsere Liegenschaft und die andere speist ins Netz ein. Von Seiten von Kunden hatten wir Besuch von der SGS und vom TÜV, die beide unmissverständlich bescheinigen, dass wir ohne weitere Energiezufuhr von aussen arbeiten. Also das Gleiche, was schon die DEKRA gesagt hat."

Er fügte hinzu, dass der Kunde die Anlage in Thailand ohne weiteres besichtigen und testen könne. Er müsse aber vorher nachweisen, dass er im Besitz der notwendigen Mittel sei, um eine oder mehrere Anlagen bestellen zu können.

Tatsache ist, dass die Autoren in Thailand – nicht weit weg vom Gelände der Rosch GmbH – einen Mitarbeiter und ehemaligen Physiklehrer haben, der im Auftrag der TransAltec AG resp. des interessierten Käufers die Anlage besichtigen und checken könnte. Kontaktanfragen können über die Webseite www.transaltec.ch gestellt werden.

Interessenten finden auf der Webseite der norwegischen Firma Ki-Tech ausführliche Bilder zur Demoanlage in Thailand[36].

Der neuste Coup: Batterienachladung für autonome mobile und stationäre Anwendung von José Vaesken Guillen

Industrieanlagen sind nicht jedermanns Sache. Doch das Konzept von José Vaesken Guillen kann "den Mann von der Strasse" begeistern. Er ist den Lesern des Buches "Der Wassermotor" kein Unbekannter, ist er doch Mitautor dieses Buches, indem er im zweiten Teil über seine Erfahrungen mit dem Bau und Fahren eines Wassermofas und eines Wasserautos berichtet hat[37]. Tatsächlich fuhr er bereits 2016 mit einem Wasserauto herum.

Adolf und Inge Schneider, José Vaesken Guillen: "Der Wassermotor", ISBN 978-3-906571-35-5, 220 S., 2017, broschiert, 22.80 Euro, Fr. 28.- www.jupiter-verlag.ch

Während die Autoren im ersten Teil andere Entwicklungen zum Thema beschreiben, zeigt José Vaesken Guillen im zweiten Teil auf, wie die Leser seinen Wassermotor selber nachbauen können. Der maximale Wasseranteil beträgt 80% Wasser, 20% sind Alkohol. Zitat: *"Mit dieser Mischung funktioniert der Motor wie beim reinen Benzinbetrieb und zeigt keine Leistungsveminderung."*

Neue Ausrichtung!

Kurz gesagt: Das Buch wurde gerade wegen seiner Praxisbezogenheit zu einem Hit! Doch auf Seite 197 des Buches gab José Hinweise auf sein nächstes Projekt mit den Worten:

"Meine Arbeit beruht auf der Erfahrung mit Verbrennungsmotoren, die mit wasserhaltigen Treibstoffen betrieben werden. Ich habe aber auch Experimente in anderen Bereichen gemacht, zum Beispiel mit elektrischen Motorrädern, deren Batterien im Betrieb nachgeladen werden. Das wird das Thema des nächsten Buches sein."

Wie es in südlichen Ländern so ist: Es kamen bei José Vaesken Guillen manche Umzüge (zum Beispiel von Paraguay nach Brasilien) und andere Unbilden und Finanzprobleme dazwischen, so dass José das Projekt der autonomen Nachladung von Batterien nicht so schnell in Angriff nehmen konnte.

José wurde in seiner weiteren Forschung einerseits durch die Autorenhonorare und Förderbeiträge der Autoren und von Freunden unterstützt und anderseits moralisch und technisch durch unseren Bekannten und Abonnenten in Brasilien, Dipl.-Ing. André Tuszel. Dieser teilte uns Mitte September 2021 mit, José habe jetzt sein Mofa auf Elektrobetrieb mit acht Batterien ausgerüstet, die auf der Fahrt nachgeladen werden. Zitat vom 27. September von André Tuszel:

- *"José hat mit seiner hybriden Anlage weitere Versuche von zwölf Stunden gemacht. Er hat keine Ausrüstung, um Bildaufnahmen von langer Laufzeit zu speichern, sondern machte nur handschriftliche Tabellen mit dem Verlauf der Spannungen von beiden Batteriebanken. Er schickte mir relativ kurze Videos, aber es sind keine brauchbaren oder für Skeptiker glaubwürdige Nachweise;*
- *Mit Hartnäckigkeit hat er sein Bike wieder mit praktisch allen fehlenden Komponenten ergänzt. Um das Geld dafür zu haben, musste er Werkzeuge von seiner Werkstatt verkaufen, u.a. seine Schweissanlage;*

Mit diesem Mofa fuhr José Vaesken Guillen 180 km von Porto Alegre bis Torres, ohne die Batterien zwischenzeitlich nachfzuladen.

- *Ich hatte ihm geraten, mal eine Strecke von 200 km ununterbrochen zu fahren. Aber er war mit dieser Idee nicht zufrieden, wollte von Porto Alegre nach Cambuquira fahren, das wären mehr als 1'400 km gewesen, und diese Strecke wollte er in vier Tagen zurücklegen. Allein! Ich habe versucht, ihn davon abzubringen, aber er ist entschlossen, die grosse Strecke zurückzulegen. Doch in jedem Fall wäre die normale Reichweite seines Bikes mit 150 kg Totalgewicht nur 25 km;*
- *Er hat eine Bike-Moto-Kamera angeschafft, die 20 Stunden Videoaufnahmen macht."*

Effektiv startete José dann am Mittwoch, den 29. September 2021, an seinem Wohnort in Porto Alegre zu einer längeren Tour Richtung Torres[38].

Um 9.26 Uhr schrieb er: *"Ich verlasse Porto Alegre gerade."*

Um 17.41 Uhr: *"Es hat angefangen zu regnen. Ich werde das ausnutzen, um zu essen."*

Um 20.14 Uhr: *"Wenn ich in Torres ankomme, höre ich auf. Ich werde mich noch nicht ausruhen."*

José Vaesken Guillen hat sich neben seinem E-Mofa im Schlafsack eingekuschelt. Es regnet. Er hat auch bei schlechtestem Wetter draussen übernachtet und alles gefilmt, damit niemand daran zweifelt, dass er autonom gefahren ist und nicht unterwegs die Batterien nachgeladen hat.

Die Strecke von Porto Alegre bis Torres in Brasilien beträgt 180 km. Da José nur sehr wenig Geld für sein E-Bike ausgeben konnte bzw. das E-Bike selber zusammen gebaut hatte, konnte er keine teuren Ionen-Lithium-Batterien einsetzen, sondern nur einfache Bleibatterien.

Wiederholter Kommentar von André Tuszel: *"Mit einem solchen E-Bike würde er gerade mal 25 km fahren können, ohne die Batterien nachzuladen."*

Umsetzung des Projekts

Nach seiner Rückkehr aus Torres baute José auf Wunsch und mit Finanzierung der Autoren eine zweite Anlage, welche er inzwischen zum Nachmessen André Tuszel schickte. Dieser ist der richtige Mann, um das Projekt professionell auszuarbeiten. Er war eine Zeitlang Mitarbeiter von Jean-Louis Naudin in den JLN-Labs[39] in Paris und arbeitete auch jahrelang im Berner Patentamt. Vor einigen Jahren ist der holländische Elektroingenieur mit seiner Frau, einer Brasilianerin, in deren Heimatland Brasilien zurückgekehrt.

Da José Vaesken Guillen nicht das Instrumentarium hat, um professionelle Konstruktionszeichnungen seiner Ladeschaltung zu machen, ist diese Aufgabe André Tuszel zugefallen. Dabei bestimmt José das Vorgehen. Er setzte sich bereits mit seinem Wassermotor für ein Open-source-Projekt ein. Das Prinzip der Batterienachladung geht auf John Bedini zurück[40]. Patrick Kelly schrieb in seiner Dokumentation "Freie Energie-Systeme" dazu: *"Es ist möglich, erhebliche Mengen an Energie aus der lokalen Umgebung zur Aufladung von Batterien zu nutzen."*

Doch José bezieht seine Informationen nicht aus dem Internet, sondern aus seinem eigenen Forschergeist. Er kopiert nicht, er arbeitet nach eigener Intuition.

Autonomer stationärer 7-kW-Betrieb!

Zum Zeitpunkt, da diese Zeilen geschrieben werden, ist André Tuszel daran, am Ladegerät, welches ihm José geschickt hat, Messungen durchzuführen. Der Erfinder ist jedenfalls davon überzeugt, dass sein autonomes Batterieladesystem auch stationär eingesetzt werden kann und dann etwa 7 kW Energie zur Verfügung stellt. Das reicht bei weitem, um ein Haus mit Energie zu versorgen.

Inzwischen hat sich José Vaesken Guillen wegen seiner familiären Situation - entgegen den Empfehlungen der Autoren - entschieden, das Projekt nicht "Open source" zu verbreiten, sondern zum Patent anzumelden und Lizenzen zu verkaufen. Um dies zu realisieren, hat sich ein perfektes Team gebildet, bestehend aus José Vaesken Guillen selber, Dipl.-Ing. André Tuszel, Dipl.-Ing. Adolf Schneider und Inge Schneider (PR, Management) und dem befreundeten Patentanwalt Dipl.-Ing. Peter Klocke, einem Insider der Freie-Energie-Szene, der genau weiss, wie man ein Patent anmelden muss, damit es Chancen auf Erteilung hat.

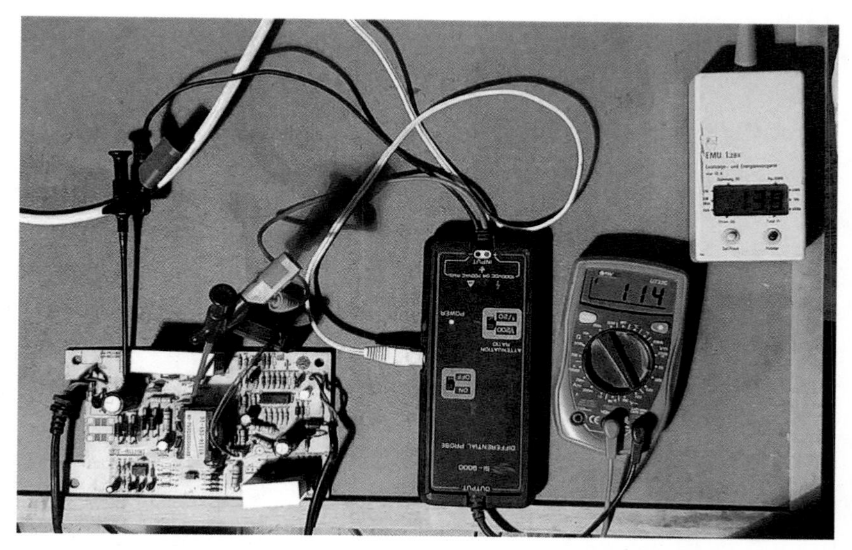

Links zu sehen ist die Elektronikplatine des Ladegeräts, daneben misst die Differential-Messprobe SI-9000 die Drain-Source-Spannung des Mosfets des Schaltnetzteils mit einem 1/200-Skalen-Faktor. Das Voltmeter zeigt 114 Vac für die Ausgangsspannung des Variacs (Skala 500 Vac) an, das Wattmeter EMU1.28K zeigt 0,138 kVA für die Eingangs-Scheinleistung am Eingang des Variacs.

Angemeldet wird das Patent durch TransAltec AG (Geschäftsführer: Adolf und Inge Schneider), welche dann in Absprache mit José Vaesken Guillen und André Tuszel auch die Vermarktung und Vergabe von Lizenzen übernimmt. Als Erfinder figurieren José Vaesken Guillen und André Tuszel.

Während das 1-MW-System von Dr. V. V. Marukhin auf Industrieebene eingesetzt werden kann, stellt das System von José ein Produkt "für den Mann der Strasse" dar. Damit sollte die ganze Bandbreite der Energiebedürfnisse mit Freier Energie abgedeckt werden.

Fazit und Ausblick

Es kann abschliessend zu diesem Projekt gesagt werden, dass das harmonische Team die Bedingung erfüllt, von der Prof. Josef Gruber immer sprach: *“Das Geheimnis des Erfolgs liegt in der Zusammenarbeit!”*

José Vaesken Guillen kann auf jahrelange Erfahrungen auf diesem Gebiet zurückblicken. Hier entsteht also ein Freie-Energie-System, welches voraussichtlich bereits 2022 bei TransAltec AG bzw. dem Jupiter-Verlag käuflich erworben werden kann, welche auch Lizenzen vergibt.

Da es sowohl José Vaesken Guillen als auch allen anderen vom Team nicht um “das grosse Geld”, sondern um eine Lösung eines drängenden Umweltproblems geht, wird das Gerät so günstig wie möglich angeboten.

Bei diesem Projekt ist das Team durch den Geist von oben inspiriert, welcher das Unmögliche möglich macht. José spricht auch immer wieder davon, dass ihm die universelle Kraft dabei half, Opfer für diese Entwicklungen auf sich zu nehmen. So schrieb er im Schlusswort des Buchs “Der Wassermotor”: *“Ich schliesse mit einem Satz vom Kleinen Prinzen: ‘Das Wesentliche ist für die Augen unsichtbar.’”* Und das stimmt für viele in diesem Buch beschriebenen Systeme!

Literatur zu Teil 3

1 http://www.borderlands.de/net_pdf/NET0321S15-17.pdf
2 http://www.borderlands.de/net_pdf/NET0321S18-19.pdf
3 https://gaia-energy.com
4 https://e-catworld.com/2019/03/30/video-tour-of-iec-earth-engine-training-center-factory/
5 http://www.borderlands.de/Links/WSJ-May17-2019-Dennis%20 Danzik.pdf
6 http://www.borderlands.de/net_pdf/NET1119S4-7.pdf
7 http://www.borderlands.de/net_pdf/NET1119S4-7.pdf Bild oben S. 4
8 Schneider, A.+I.: USA-Reise zur Firma "Induction Energy" mit technischen Details und Messresultaten der "Earth Engine",, zu beziehen über redaktion@jupiter-verlag.ch für 15 Fr. / 13.- Euro.
9 https://www.astrolightmediagroup.com/quantum-energy/169/defying-physics-earth-engines/#:~:text=Dennis%20Danzik%20has%20designed%20a,a%20flywheel%20to%20generate%20power.
10 http://www.borderlands.de/net_pdf/NET0521S28.pdf
12 https://www.oevr.at/news/E-Cat_SK-LED%20Lampe.htm
12 https://www.youtube.com/watch?v=v8NFwx84LPk
13 https://e-catworld.com/wp-content/uploads/2021/12/SKL-MISURE-UNIBO.pdf
14 https://e-catworld.com/wp-content/uploads/2021/12/MISURE-UNIBO-SKLED.pdf
15 http://www.borderlands.de/net_pdf/NET0319S13-18.pdf
16 http://www.borderlands.de/net_pdf/NET1121S4-11.pdf
17 http://www.borderlands.de/net_pdf/NET0521S29.pdf
18 https://www.youtube.com/watch?v=2d2h-SyPQqM
19 https://de.wikipedia.org/wiki/Hydraulischer_Widder
20 Schneider, A.+I: Die Heureka-Maschine, Jupiter-Verlag 2017, S. 29ff
21 dito 17, S. 43f
22 dito 17, S.45ff und S. 145ff
23 http://www.borderlands.de/Links/Beschreibung-HEG-Anlage.pdf
24 http://www.borderlands.de/Links/Energiewandler-Vergleich.pdf
25 https://www.zuerich.com/de/besuchen/sehenswuerdigkeiten/heu-reka-jean-tinguely

26 https://deviantart.com/osokin/art/Doors-of-the Universe-WP-82553947
27 https://www.nature.com/articles/nphys921
28 http://www.borderlands.de/net_pdf/NET0314S4-10.pdf S. 6ff
29 http://www.borderlands.de/net_pdf/NET0515S4-8.pdf
30 http://www.borderlands.de/net_pdf/NET0516S4-6.pdf
31 http://www.borderlands.de/net_pdf/NET0516S6-9.pdf
32 https://rosch.ag/kpp.php
33 https://rosch.ag/tuktuk.php
34 https://novam-research.com/rosch-gaia-kinetic-power-plant.php
35 http://www.borderlands.de/net_pdf/NET0714S7-20.pdf S. 11f
36 https://www.ki-tech.global/demo-plant-thailand
37 https://www.jupiter-verlag.ch/shop/auswahl_neu.php?stichwort=vaesken
38 http://www.borderlands.de/net_pdf/NET1121S12-16.pdf S. 12f
39 http://jnaudin.free.fr/dlenz/DLE26en.htm
40 http://www.borderlands.de/net_pdf/NET0117S30-33.pdf

Alle hier aufgeführten Quellen finden sich auch elektronisch unter www.borderlands.de/Links/Urkraft-Lit.-Teil3.pdf

Bildnachweise

Archiv Tesla Society Switzerland & EU: S. 1
Archiv Jupiter-Verlag: S. 11, 28, 71, 80, 124, 208, 213, 217, 221, 222, 247, 250, 258, 271, 275, 278, 279, 280, 282
Archiv Klaus Jebens: S. 19, 22, 23, 24, 26, 105, 125
Archiv Karl Schappeller: S. 50
Archiv John Searl: S. 67
Archiv Foster Gamble: S. 70
Archiv John Bedini: S. 77
Archiv GAIA: S. 81
Archiv Methernitha: S. 86
Archiv Thomas Bearden: S. 90
Archiv Tesla Society Switzerland: S. 128
Archiv Dr. Marukhin: S. 217, 218, 266, 267, 268
Archiv Prof. K. Meyl: S. 221
Archiv IEC: S. 249
Archiv E-Cat: S. 254, 255, 256
Archiv Neutrino Group: S. 260, 262, 264
Archiv Jo Conrad: S. 263
Archiv Rosch: S.277
Archiv José Vaesken Guillen: S. 284, 285
Archiv André Tuszel: S. 287
Internet: S. 15, 17, 65, 69, 73, 75, 76, 83, 89, 95, 97, 98, 99, 116, 118, 122, 129, 130, 135, 138, 139, 143, 146, 148, 159, 152, 155, 157, 158, 159, 164, 166, 175, 176, 178, 183, 191, 194, 197, 202, 204, 205, 206, 207, 211, 215, 224, 244, 245

Stichwort- und Namensverzeichnis

Stichworte

Namen, Orte

Deutschsprachige Freie-Energie-Organisationen

Deutsche Vereinigung für Raumenergie DVR e.V./binnotec
und Redaktion "DVR-Info":
Czeminskistr. 2,
D 10829 Berlin
Tel. +49 (0) 176/823 10 407
www.dvr-raumenergie.de
dvr@onlinehome.de

Schweiz. Arbeitsgemeinschaft für Freie Energie SAFE
Elisabeth Lehmann, Präsidentin
http://www.safeswiss.ch/
e.lehmann@safeswiss.ch

Schweiz. Vereinigung für Raumenergie SVR
Emmersbergstr. 1,
CH 8200 Schaffhausen
Tel. +41 (0) 52 620 01 04
Fax +41 (0) 43 411 91 62
www.svrswiss.org
info@svrswiss.org

Österreichische Vereinigung für Raumenergie ÖVR
Schneedörflstr. 23
AT 2651 Reichenau/Rax
Tel. +43 (0) 699 123 0000 4
Fax +43 (0) 2666 538 72-20
www.oevr.at
office@oevr.at

Verein für Implosionsforschung und Anwendung e.V.
Geschäftsstelle: Klaus Rauber
Geroldseckstr. 4
DE 77736 Zell a.H.
Tel. +49 (0) 7835 5252, Fax +49 (0) 7835 631 498
www.implosion-ev.de
KlausRauber@gmx.de

Jupiter-Verlag Adolf und Inge Schneider
Emmersbergstr. 1,
CH 8200 Schaffhausen
Tel. +41 (0) 52 620 01 04, Fax +41 (0) 43 411 91 62
www.jupiter-verlag.ch
redaktion@jupiter-verlag.ch

Der Jupiter-Verlag ist auch Herausgeber des "NET-Journals", des einzigen deutschsprachigen Journals zu neuen Energietechnologien NET, das zweimonatlich erscheint.

Das Abonnement des "NET-Journals" ist im Mitgliederbeitrag der Deutschen Vereinigung für Raumenergie DVR und der Schweiz. Vereinigung für Raumenergie SVR eingeschlossen. Das Journal kann auch separat über den Jupiter-Verlag abonniert werden. Siehe nachfolgendes Inserat in eigener Sache!

Siehe auch das **Webportal zu Freie-Energie-Technologien** und allen einschlägigen Freie-Energie-Organisationen und Firmen unter **www.borderlands.de** sowie den Blog für Freie Energie **https://gehtanders.de**.

Über weltweite Entwicklungen berichtet Patrick W. Kelly unter **https://free-energy-info.com/PJKbook.pdf**.

“NET-Journal” - neue Energietechnologien

Einzelausgaben: 11 Euro/Fr. 14.-
Abo: 6 Doppelnummern,
alle zwei Monate: 65 Euro/Fr. 80.-
Zweijahres-Gönnerabo:
160 Euro/Fr. 200.-

Jupiter-Verlag
Adolf und Inge Schneider
Emmersbergstr. 1
CH 8200 Schaffhausen
Tel. 0041 52 620 01 04
www.jupiter-verlag.ch
redaktion@jupiter-verlag.ch

Beschreibung:

Gibt es das Perpetuum mobile? Manche Geräte sehen danach aus, aber es handelt sich “nur” um Energieumwandlung. Das “NET-Journal” beantwortet als einzige deutschsprachige Zeitschrift seit 1996 solche Fragen und informiert über unkonventionelle Technologien, insbesondere zur Raumenergie und Freien Energie, **der** “Lösung aller Energieprobleme”!

Schwerpunkte:

Hocheffiziente neue Energietechnologien; Patente und Ideen von Nikola Tesla; Forschungen zu Kalter Fusion/Low Energy Nuclear Reactions LENR; Experimente zur Antigravitation; Biologische Strahlenwirkungen; Wirbel und Tornados; Geheimnisvolle UFO-Antriebe und deren irdische Umsetzung usw.

Verlangen Sie ein **kostenloses Probeexemplar**! Näheres unter www.borderlands.de/inet.jrnl.php3, nach unten scrollen, bestellen!

Bücher im Jupiter-Verlag

siehe auch www.jupiter-verlag.ch

"Energy Harvesting - Energie aus der Umgebung" von Adolf und Inge Schneider/Achmed Khammas

Der Untertitel „Die Zukunft autarker Energiesysteme“ macht deutlich, dass Energie künftig primär dezentral zur Verfügung stehen wird. Jede Sekunde sind wir von einem riesigen Kraftfeld aus Energie umgeben, das uns das Leben ermöglicht. Zu unserem Überleben trägt auch die Energie in der Nahrung bei, aber im Buch werden auch Fälle von Menschen thematisiert, die wochen-, teilweise jahrelang ohne Energie aus der Nahrung und sogar ohne Trinken auskamen. Sie lebten oder leben "von Licht und Liebe" resp. von Lichtenergie.

Der Schwerpunkt des Buches liegt auf konventionellen und unkonventionellen Methoden, um zu zeigen, wie Energie gesammelt und umgesetzt werden kann: von Transmutation über Polymerfolie zur Energiegewinnung bis zur Alu-Luft-Batterie zum Selberbauen: Das Buch enthält eine Fülle von Ideen, Projekten und Geräten auch aus dem Bereich der Freien Energie. Ein grosses Kapitel stammt aus dem Online-Buch der Synergie von Achmed Khammas, in dem er Hunderte Projekte zum Thema - sogar über Perpetuum mobile - gesammelt hat.

ISBN 978-3-906571-36-2, broschiert, 390 S., viele S/W- und farbige Abbildungen, Fr. 29.50/EUR 26.00.

DVD und Buch zum Kongress "Die grosse Transformation in Technik und Bewusstsein"

Buch und DVD laden den Leser ein, an der "Grossen Transformation" teilzunehmen, die Thema des Kongresses vom 2.-4. Oktober 2020 in Stuttgart war. Die grosse Transformation in der Technik entwickelt sich in Richtung Raumenergie-Technologien.

Diesem Ziel widmen sich die Organisatoren des Kongresses, Adolf und Inge Schneider, Begründer des Jupiter-Verlags, Veranstalter internationaler Kongresse und Inhaber mehrerer Firmen. Zusammen mit vielen Partnern sind sie dabei, Raumenergietechnologien den Weg in die Öffentlichkeit und in die weltweite Vermarktung zu bereiten.

So referierten Prof. Francesco Celani und Ernst Michael Müller über das wachsende Interesse an Low Energy Nuclear Reactions LENR, Ing. Wilhelm Mohorn über sein Trockenlegungssystem Aquapol®, welches keinen Strom benötigt. Dass Informations-Energetik die Grundlage für das Verständnis der Einheit des Universums und der Raumenergie ist, legte Dipl.-Ing. Reinhard Köcher dar. Dem Wasserauto von Walter Jenkins mit 95% Wasser und 5% Benzin war ein weiterer Vortrag gewidmet. Horst Kirsten erläuterte die Story des Blockheizkraftwerkes der GFE, welches mit 80% Wasser und 20% Pflanzenöl lief und vor zehn Jahren von den Behörden gestoppt wurde, aber neu aufgegleist wird. Kommodore Dieter Fehner präsentiert sein maritimes Umweltschutzprojekt zur Entsorgung von Plastikmüll auf Weltmeeren – ein Jahrhundertprojekt! Ein Highlight war der Vortrag des Autors über den autonomen 500-kW-Hydraulic Energy Generator von Dr. V. V. Marukhin. Reinhard Wirth präsentierte seine Erfahrungen mit Tops und Flops aus 35 Jahren Forschung. Den Schluss bildeten die Präsentation des Jupiter-Generators durch Rolf Kranen und der Vortrag von Armin Risi über Irrwege der Menschheit hin zur Heilung und zum neuen Menschsein.

Buch: SFr. 29.50/EUR 26.00 – Jupiter-Verlag, ISBN 978-3-906571-38-6, brosch., 418 S,, viele S/W und farbige. Abbildungen A5-Forma

DVD: SFr. 29.50/EUR 26.00 - Jupiter-Verlag, ISBN 978-3-906571-39-3, Doppel-DVD, 16 Stunden, 6 Min.

Auf dem Weg in das Raumenergie-Zeitalter
von Adolf und Inge Schneider

Weitgehend unbemerkt von der Öffentlichkeit bahnt sich eine Revolution an: Platonischer Körper neutralisiert radioaktive Strahlung - Kalte statt Heisse Fusion - autonom laufende Magnetmotoren für das Haus - Kristallbatterie als Dauerstromquelle - Autonomer Hydraulischer Energiegenerator für die Industrie: Das sind nur einige der Geräte, die hier vorgestellt werden.

2010 kam im Scorpio-Verlag das Buch "Die wahren Visionäre unserer Zeit" über ein Dutzend Pioniere heraus, in dem die Autoren als Protagonisten der Freien Energie porträtiert wurden. Der Verlag schrieb: "Diese Visionäre haben, was die Welt braucht: konkrete Rezepte für die Zukunft. Sie kämpfen mutig gegen verkrustete Weltbilder. Ein inspirierendes Porträtbuch über charismatische Menschen, brillante Lösungen und globale Verantwortung." Das trifft genauso auf die Protagonisten der in diesem Buch beschriebenen Erfindungen zu. Es ist eine Laudatio an alle die Menschen, die dafür ihr Herzblut, ihr Geld und ihre Zeit gaben und geben. Mit einigen Technologien geht ein jahrhundertealter Menschheitstraum in Erfüllung: das Perpetuum mobile! Doch solche Geräte laufen nicht aus eigener Kraft, sondern sie benötigen zu ihrem Betrieb die überall vorhandene Raumenergie.

SFr. 33.00/ EUR 29.90, ISBN 978-3-906571-36-9, brosch., 528 S., viele S/W und farbige. Abbild., A5-Format

“Der Pflanzencode entschlüsselt: Schneller wachsen und höhere Erträge - Geheimnisse der biologischen Ur-Kommunikation”

von Dr. med. Fritz Florian

Jeder kann zum Null-Tarif schlecht gedeihende und kränkelnde Pflanzen retten. Eine Behandlung von einer Sekunde lässt Pflanzen wieder sprießen und regt Samen zum Turbo-Wachstum an.

Die simple Reaktivierung des pflanzlichen Ur-Wachstums-Codes macht dies erstmals möglich.

Biologisch gesehen, hat der Autor eine Methode gefunden, um die aktuelle Wachstums-Software zu löschen und die Ur-Wachstums-Software anzuknipsen.

Die Evolution hat dieses geniale Ur-Zeit-Wachstums-Prinzip vor Jahrmillionen erdacht und nutzt es bis heute nur im Notfall als Reserve-Programm, das auch der Mensch für zukünftige, noch üppigere Ernten nutzen kann. Dieses Buch beschreibt weltweit ersmals diese in der Praxis erforschte Technologie und erklärt sie dem Leser Schritt für Schritt. Wir können nicht verhungern, außer man will es. Das Buch zeigt, wie das in jedem Garten und auf Feldern geht.

SFr. 25.00/ EUR 22.00 - Jupiter-Verlag, 978-33-906571-40-9, broschiert, 214 S. Farbbilder, A4, 2021, 2. Auflage

"Der Wassermotor zum Selbernachbauen für Motorräder und Autos!" von Adolf und Inge Schneider/José Vaesken Guillen

In diesem Buch werden zahlreiche Verfahren beschrieben, u.a. wie ein Benzinauto durch verschiedene Massnahmen auf Mischtreibstoff mit bis zu 80% Wasser und nur noch 20% Bio-Ethanol gefahren werden kann. Auch "reine" Wasserautos werden beschrieben, wie von **Daniel Dingel, Ernst Christen, Stanley Meyer, Archie Blue, Carl Cella** u.a.

Des weiteren finden sich Kapitel über Elektrolyse mit Metallen, Mischtreibstoffe, Resonanzsysteme wie **Joe- und Moe-Cell**. Auch wer nur mit normalem Wasser fahren möchte, findet zahlreiche Möglichkeiten, um Wasser mit geringem Einsatz an elektrischer Energie in Wasserstoff und Sauerstoff aufzuspalten und das Fahrzeug dann mit reinem Wasserstoff zu betreiben. Alternativ gibt es auch spezielle Katalysatoren und Zusatzgeräte, ohne dass für die Gewinnung von Wasserstoff elektrischer Strom benötigt wird.

Im zweiten Teil des Buchs stellt **José Vaesken Guillen aus Paraguay resp. neu aus Brasilien sein Wassermofa und sein Wasserauto vor, mit denen er bereits Tausende von Kilometern gefahren ist - mit Hinweisen zum Selbernachbauen.**

ISBN 978-3-906571-35-5, broschiert, 219 S., viele Farbbilder, A5, 5. Aufl. 2018, Fr. 28.-/EUR 22.80

"Freie Energie – oder warum fliegen UFOs?"
von Adolf und Inge Schneider

Die Autoren geben hier einen Überblick über Technologien zur Beantwortung der Frage, wie unbekannte Flugobjekte funktionieren könnten. Ihnen geht es hier weniger um das Geheimnisvolle, das diesen Objekten immer noch anhaftet. Vielmehr fasziniert sie die Frage, welche Energien und Antriebsverfahren die aussergewöhnlichen Flugeigenschaften der UFOs ermöglichen. Ganz offensichtlich basieren deren Technologien auf Antigravitation und Freier Energie – Technologien, die auf irdischer Ebene dringend zur Lösung von Umweltproblemen benötigt werden. Letztlich geht es um die geheimnisvolle kosmische Energie oder Raumenergie, die überall im Weltall verfügbar ist. Der Autor schöpft als Verfasser des Bestsellers "Besucher aus dem All" (Bauer-Verlag, 1973) aus dem Vollen.

Das Buch enthält First-Hand-Erfahrungsberichte von Menschen wie Walter Rizzi, Hans-Peter Klotzbach, Giorgio Dibitonto, Bob Lazar und vielen anderen, die UFOs und ETs begegnet sind und Näheres über ihre Mission und Technik berichten. Warum kann das Weltraumprogramm SETI keinen Kontakt zu ETs herstellen? Auch diese Frage wird beantwortet!

ISBN 978-3-906571-29-4, 200 S., broschiert, viele Farbbilder, Juni 2014, Fr. 26.-/EUR 19.80